限定画布大小

快速选择工具

魔棒工具

应用色彩范围

画笔工具

转换为位图模式

历史记录艺术画笔工具

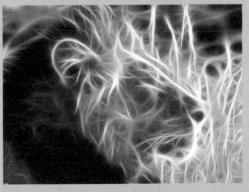

调整"色相/饱和度"

"照片滤镜"命令

"通道混和器"命令

HDR色调

多边形工具

钢笔工具

设置文字基本属性

变形文字

将文字转换为形状

应用"样式"面板为文字添加样式

添加预设样式

添加图层样式

图层不透明度的应用

编辑调整图层

选择通道

混合图层和通道

利用"应用图像"命令混合通道

从颜色范围设置蒙版

通过临时蒙版创建选区

创建3D形状

制作剪贴蒙版

查看图像效果

编辑3D材料

使用预设动作

消失点

全彩印刷版　视频教学　浓缩精华本 Mini

新手易学

中文版Photoshop CS5 图像处理

华诚科技　编著

机械工业出版社
China Machine Press

本书是为帮助Photoshop初级用户掌握Photoshop CS5软件基础知识而编写的一本指导书，全书将Photoshop CS5软件的知识点分为多个章节进行系统介绍，内容浅显易懂，形式轻松，涵盖知识点丰富。

全书共分12章，写作层次清晰，从Photoshop的基础知识开始介绍，依次从Photoshop CS5的基本操作、基础工具及选区的应用、图像的修饰和绘制、图像色调与明暗的调整、路径和文字的创建与编辑方面系统介绍了Photoshop的基本功能；然后分别从图层、通道和蒙版的应用方面介绍了Photoshop CS5的高级功能，涉及图像的抠图、合成等综合应用知识；最后对图像的批量处理进行了介绍。

本书内容详尽，步骤简单清晰，图片精美，不仅可以帮助初级用户快速掌握Photoshop CS5软件的基础知识，还可以作为中高级用户的软件基础知识点查询手册。

图书在版编目（CIP）数据

新手易学——中文版Photoshop CS5图像处理/华诚科技编著．—北京：机械工业出版社，2011.5

ISBN 978-7-111-34449-0

Ⅰ．新… Ⅱ．华… Ⅲ．图像处理软件，Photoshop CS5 Ⅳ．TP391.41

中国版本图书馆CIP数据核字（2011）第079890号

机械工业出版社（北京市西城区百万庄大街22号 邮政编码 100037）
责任编辑：邰朝怡
北京米开朗优威印刷有限责任公司印刷
2011年8月第1版第1次印刷
147mm×210mm・7印张
标准书号：ISBN 978-7-111-34449-0
　　　　　ISBN 978-7-89451-952-8（光盘）

定价：29.80元（附光盘）

凡购本书，如有缺页、倒页、脱页，由本社发行部调换
客服热线：（010）88378991；88361066
购书热线：（010）68326294；88379649；68995259
投稿热线：（010）88379604
读者信箱：hzjsj@hzbook.com

伴随着计算机走进千家万户，自主进行图像处理越来越贴近人们的生活，Photoshop作为图像处理的领军软件，对于广大的图像处理爱好者有着决定性的吸引力。本书针对Photoshop的初级用户，能够帮助初学者快速有效地掌握Photoshop CS5的基础知识及其在图像处理中的基本运用，内容轻松灵活，通俗易懂，并适当根据知识的交叉性对操作步骤进行介绍。

本书内容

全书将Photoshop CS5的相关知识点分为12章，第1章新手入门——Photoshop CS5的基础知识，由浅入深地介绍了Photoshop CS5的主要功能、安装过程以及整体界面；第2章简单易懂——Photoshop CS5的基础操作，从图像文件的基础操作出发，帮助读者了解并掌握图像的剪切、粘贴以及图像大小和分辨率的变换等知识；第3章轻松把握——基础工具及选区的应用，对图像的移动、选区的创建和编辑、选区图像的设置等内容进行介绍，帮助读者了解图像处理中运用最频繁的选区操作；第4章替换与开拓——图像的修饰和绘制，从运用"画笔工具"进行图像绘制开始，详细介绍了如何对图像进行修复和润饰等操作；第5章掌控斑斓色彩——图像色调与明暗的调整，介绍了图像中色调与明暗处理的知识，为图像进行色彩的变换与明暗关系设置提供了理论基础；第6章创造性与开拓——路径和文字的创建与编辑，给出了结合文字工具与形状工具创建文字和图形的实例，帮助读者更细致地掌握文字与图形的运用；第7章不可不知的关键——图层的应用，从图层的基础分类开始介绍，帮助读者掌握图层的多种操作和应用；第8章图像的高级处理——通道的应用，帮助读者更深入地掌握图像处理的关键要点，学会特殊色调及抠图的专业知识；第9章合成图像的魔法——蒙版的应用，从多种蒙版的分类开始介绍，依次对图层蒙版、矢量蒙版、快速蒙版和剪贴蒙版等多种图像合成技术进行了详细介绍；第10章多姿多彩的图像处理——Photoshop CS5的滤镜，分别介绍了多种滤镜的基本操作以及滤镜效果的整体分析；第11章让图像立体化——3D图像的设置，介绍了有关3D图像处理的工具应用及操作技巧；第12章让图像处理轻松起来——使用动作、自动化和脚本，可以帮助读者简化重复的操作步骤，充分运用动作和文件的批量处理进行多个图像的相同操作。

本书特色

◆ **内容全面**：包括了Photoshop CS5软件的基本功能及操作，系统介绍了软件菜单、工具以及面板等的综合运用。

◆ **简单明了**：步骤配以相应的图片，以图析文的讲解方式简单直观，通俗易懂，使读者可以轻松、快速地掌握Photoshop CS5的基础知识要点。

◆ **专业指导**：在实例操作中配以提示，解决操作中所遇到的技术问题；加入"新手提升"板块，对文中的知识点做了相应的补充说明，帮助读者更进一步了解相关知识点；每章最后的"新手常见问题"板块，以"你问我答"的形式将操作中会遇到的问题直观地罗列出来，解决读者可能存在的疑问。

◆ **其他资源**：本书提供的DVD光盘内容丰富，包括书中使用的原始素材照片及制作完成的最终效果的PSD格式文件，还提供了多媒体录音视频教程，包含所有知识的全过程操作演示和语音讲解，如同老师在现场指导，使学习更加直观，充满乐趣，让读者完全掌握数码照片的处理技术。

本书内容力求严谨细致，但由于作者水平有限，加之时间仓促，书中难免出现纰漏和不妥之处，敬请广大读者批评指正。

编　者

2011年6月

目 录

第3章　轻松把握——基础工具及选区的应用　　　　　　　　30

第6章　创造性与开拓——路径和文字的创建与编辑　　　　87

新手常见问题

第11章 让图像立体化——3D图像的设置 178

新手常见问题

第1章

新手入门——
Photoshop CS5的
基础知识

Photoshop是Adobe公司出品的一款功能强大的图像处理软件。自1982年创建以来，Adobe公司先后推出了多种版本的Photoshop软件，Photoshop CS5是目前最新的一款软件，它在之前版本软件的基础上新增了多种功能，只需简单地操作即可获得专业的效果。

本章将从如何安装Photoshop CS5开始，带领读者了解该软件的工作界面、常规选项设置等基础知识。

1.1　初识Photoshop CS5

在学习Photoshop CS5前，首先要了解该软件的应用领域和新增功能。作为最新的版本，Photoshop CS5相对于之前的版本功能更加人性化，能够帮助用户更自由地进行图像处理。下面介绍Photoshop CS5的应用领域及新增功能。

关键词　应用领域、新增功能
难　度　◆◇◇◇◇

1.1.1　Photoshop CS5的应用领域

Photoshop CS5有着强大的图像处理功能，其应用领域也非常广泛，它不仅在平面设计、广告宣传、包装设计等基础设计领域具有统领地位，在三维动画制作、后期图像特效处理以及插画创作方面的应用也越来越多。下面详细介绍Photoshop CS5的众多应用领域。

01 平面设计

平面设计是Photoshop中最常用的领域，生活中最常见到的图书、杂质封面，还有我们使用的购物袋的图案以及产品的包装图案，这些种类丰富的平面印刷品上的图像大多是应用Photoshop软件进行处理的。

02 广告宣传

广告作为一种对视觉要求非常严格的作品，在制作过程中需要通过文字和图形来表现寓意，传达广告信息，这些都可以通过Photoshop的修改和编辑而得到满意的效果。

03 照片处理

利用Photoshop中的修饰功能可轻松地编辑或修改数码照片，比如修复人物皮肤上的瑕疵、调整照片的色调等；还可以将照片进行合成，制作出特殊的图像效果。

04 插画作品

插画设计以其灵活的表现性而被人们所青睐。插画艺术借鉴了绘画艺术的表现技法，它可以具象，亦可抽象。应用Photoshop中的绘图工具和丰富的色彩，可以在电脑中绘制出美轮美奂的插画作品。

05 3D效果制作

在Photoshop中可以打开3D文件，并且保留了文件中的纹理、光照等信息；还可以以2D图层为起点，从零开始创建3D内容。

06 视觉创意

视觉创意一般不具有商业性，它是设计爱好者根据个人喜好创作出来的作品，具有较强的个性特色与风格。

1.1.2 Photoshop CS5的新增功能

Photoshop CS5在沿袭了Photoshop之前版本全部功能的同时还增加了更多新的功能，包括Mini Bridge面板、"HDR色调"命令、增强的"合并到HDR Pro"命令、"镜头校正"滤镜等，让Photoshop功能更加完善，更便于用户的使用，满足不同的设计需要。

01 在Mini Bridge中浏览图片
利用"在Mini Bridge中浏览"命令，可以打开Mini Bridge面板，在工作环境中浏览图片资源，然后选择需要的图片在Photoshop中打开使用。

02 "合并到HDR Pro"命令
利用"合并到HDR Pro"命令，可以合成出写实或超现实的HDR效果。使用时会自动消除叠影以及对色调映射，以获得更好的效果。

03 "HDR色调"命令
在"调整"命令中新增的"HDR色调"命令，可以修补太亮或太暗的图像，做出高动态范围的图像效果。

04 镜头校正
利用"镜头校正"滤镜命令，可以从机身和镜头的构造上着手实现镜头的自动更正，可以用手动调节，满足用户对不同效果的校正需求。

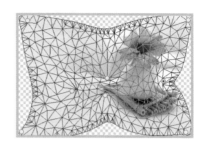

05 内容感知型填充

在"填充"功能中新增了一项"内容识别"功能，它可以对选区内的图像内容自动感知后进行填充，达到自然的填充效果。

06 操控变形

使用新增的"操控变形"命令，可在图像上创建网格，然后使用大头针固定位置，再拖曳移动大头针位置，对图像进行变形操作。

1.2　Photoshop CS5中的常用术语

熟悉Photoshop中的常用术语，对掌握图像处理技术来说非常重要。本节介绍的几种常用术语在之后的软件功能介绍中会多次出现，所以要对其熟练掌握。

关键词　常用术语
难　度　◆◇◇◇◇◇

多个小方块构成的图像

分辨率为100

分辨率为10

01 像素

像素不仅是位图的最小单位，也是屏幕显示的最小单位，每个像素都被分配一个色值。图像中的像素点越多，图像越清晰。

02 分辨率

分辨率是用于度量位图图像内数据多少的一个参数，图像中包含的数据越多，图像文件就越大，图像的细节越清晰。

高饱和度   低饱和度

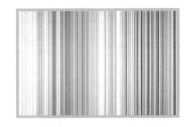

03 饱和度

饱和度又称为纯度，主要指色彩的浓度。饱和度取决于该颜色中含色成分和消色成分（灰度）的比例，含色成分越多，饱和度越高。

04 明度

在无彩色中，明度最高的色为白色，明度最低的色为黑色，中间存在一个从亮到暗的灰色系列，任何一种纯色都有自己的明度特征。

1.3 Photoshop CS5的安装与启动

本节将介绍Photoshop CS5的安装，其安装方法与其他软件的安装方法相同。首先将安装光盘放入光驱中，然后通过光盘向导对软件进行安装，安装完成后就可以启动了。

关键词 安装过程、软件的启动
难 度 ◆◆◇◇◇

1.3.1 Photoshop CS5的安装

在安装Photoshop CS5前必须将其他的软件关闭，然后将安装光盘中的源程序文件安装到硬盘上，安装过程中根据软件安装向导进行操作即可。

01 打开安装光盘

打开Photoshop CS5安装光盘，双击Setup.exe安装文件的图标，进入安装程序。

02 检查系统配置文件

弹出初始化对话框，对系统配置文件进行检查，检查完成后，自动进入下一步。

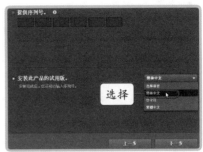

03 接受安装协议
　　打开"欢迎使用"界面，出现Adobe软件许可协议，认真阅读协议后单击"接受"按钮。

04 选择安装语言
　　在打开界面中的"提供序列号"文本框中输入正确的序列号，也可单击"安装此产品的试用版"选项，在右侧选择语言为"简体中文"，单击"下一步"按钮。

05 设置安装选项
　　进入"安装选项"界面，该界面中提供了Adobe一系列的安装软件选项，勾选需要安装的软件后，单击"安装"按钮，开始安装。

06 安装完成
　　经过一段时间后，对话框中提示"安装已完成"，单击"完成"按钮，即可完成安装。

新手提升：安装前的系统检测

　　在进入许可协议界面之前，安装向导将自动检查系统当前的运行情况。若用户组在安装软件之前打开了Microsoft Office软件，则需要将其关闭，再单击"重试"按钮才可继续进行安装。同样，不能运行其他版本的Adobe Photoshop软件，可将其他版本先行卸载，也可保留。

1.3.2　启动和退出Photoshop CS5

　　安装Photoshop CS5后，就可以启动该软件了，常用方法是在"开始"菜单中单击Adobe Photoshop CS5选项，即可打开软件工作界面。若要退出该软件，可直接单击工作界面右上角的"关闭"按钮。

01 选择程序
　　单击桌面上的"开始"按钮，在打开的"开始"菜单中选择"Adobe Design Premium CS5 > Adobe Photoshop CS5"选项。

02 运行界面
　　此时弹出运行界面，稍等片刻，即可打开工作界面。

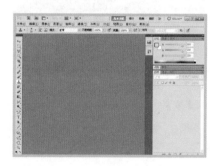

03 打开软件界面
　　运行完成后，打开Photoshop CS5的工作界面，可在其中进行操作。

04 退出程序
　　需要退出Photoshop CS5时，单击工作界面右上角的"关闭"按钮 ❌ ，也可以执行"文件>退出"菜单命令退出程序。

1.4　Photoshop CS5的工作界面

Photoshop CS5的工作界面进行了新的调整，整个界面呈银灰色状态，更舒适的工作界面帮助用户更自由地调用应用程序及工具选项。Photoshop CS5中的面板最小化显示排列在操作界面右侧，使得整个工作区更大，更便于编辑。下面详细介绍Photoshop CS5的工作界面。

关键词　快速启动栏、选项卡、工具箱

难　度　◆◇◇◇◇

1.4.1　快速启动栏

在工作界面最上方的快速启动栏中可以看到一组全新的选项按钮，包括"启动Bridge"按钮、"启动Mini Bridge"按钮、"查看额外内容"按钮、"文档排列"按钮和"屏幕模式"按钮。下面具体介绍快速启动栏中各项工具的功能。

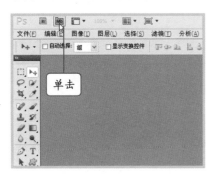

01 单击"启动Mini Bridge"按钮

启动Photoshop CS5，打开工作界面，单击快速启动栏中的"启动Mini Bridge"按钮，即可打开Mini Bridge面板。

02 打开素材图像

通过Mini Bridge面板可以预览需要打开的素材。选中需要打开的两幅素材图像，将其拖曳到工作界面空白区域，即可在Photoshop CS5软件中打开这两幅图像。

03 单击"文档排列"按钮

单击快速启动栏中的"文档排列"按钮，在弹出的菜单中单击"双联"按钮。

04 查看图像文件的排列方式

此时两个图像文件即按照选择的方式进行排列，在窗口中可以看到图像按照名称顺序进行了排列。

1.4.2　标题选项卡

在Photoshop CS5中同时打开多个图像文件时，在图像窗口上方可以看到一排全新的标题选项卡，通过单击，可以对图像文件进行切换，也可按快捷键Ctrl+Tab进行切换，还可以将文件拖曳出来成为一个浮动窗口，具体操作如下。

01 打开并拖曳素材文件

同样打开1.4.1小节中的素材文件，在蓝色图像选项卡上单击并将其拖曳出来。

02 查看图像窗口

在图像窗口中可以看到拖曳出来的图像文件成为一个独立的浮动窗口，使用鼠标可以对窗口进行移动、缩放操作。

1.4.3 工具箱

工具箱中提供了绘制和编辑图像的各种工具，从工具的形态和名称就可以了解该工具的功能。为了方便使用这些工具，Photoshop针对每个工具都设置了相应的快捷键。如果工具按钮上有图标，右击该工具或长按该工具，即可显示该工具的隐藏工具。下面介绍工具箱中的各个工具。

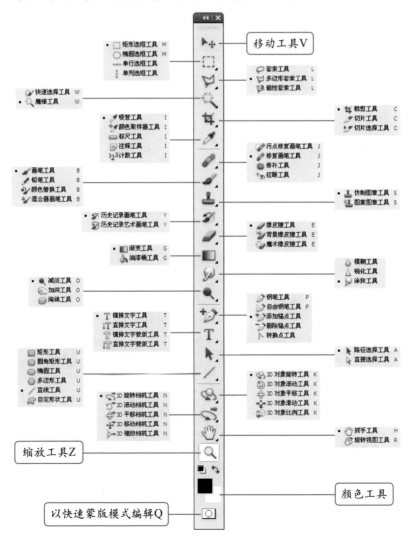

新手常见问题

1. 在Photoshop中可以通过哪些方式对面板进行组合？

　　面板汇集了图像操作中常用的选项和功能，一般显示在工作界面右侧，有效管理面板，可以更加便于实际操作。对于面板，用户可以随意进行拆分和组合，方法是在面板上单击并将其拖曳到需要组合的面板中，释放鼠标后即可对面板进行自主组合，如下图所示。

2. 怎样选择合适的工作区？

　　为方便不同用户的使用需求，Photoshop提供了多种预设的工作区。执行"窗口>工作区"菜单命令，即可看到这些工作区，例如选中"绘画"工作区，就可以看到便于绘图的工作区效果，如下图所示。

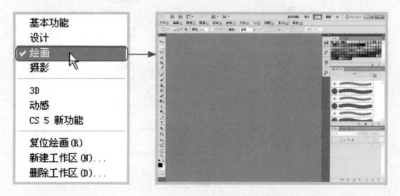

第2章

简单易懂——
Photoshop CS5的
基础操作

Photoshop CS5拥有良好的操作环境和强大的功能,从简单的工具操作到菜单命令的调用,可以帮助读者进行基础的文本及图像操作。

本章从基础的新建文件开始介绍,通过简单的工具操作或菜单命令,对图像文件进行基础的编辑和操作,从图像文件的变换到图像的修剪,再到对图像的画布进行调整,帮助读者快速掌握图像处理的基础应用。

2.1　文件的基础操作

在Photoshop CS5中，执行"文件"菜单下的命令可对图像文件进行新建、打开、置入、存储等操作，下面着重介绍文件的基本操作，以及相关快捷键的使用，让读者从文件开始Photoshop的操作。

关键词　新建文件、置入文件
难　度　◆◇◇◇◇

原始文件:素材\2\01.jpg、02.jpg
最终文件:源文件\2\在文件中置入图像.psd

2.1.1　新建文件

"新建"命令用于在Photoshop中创建一个新的图像文件，新建文件通常有两种操作方法，可以应用"文件"菜单命令新建文件，也可以应用快捷键新建文件。执行命令后打开"新建"对话框，对新建文件的大小、分辨率、颜色模式等进行设置。下面介绍具体的操作步骤。

01 执行菜单命令

启动Photoshop CS5，在菜单栏中执行"文件>新建"菜单命令，执行命令后就可以打开一个"新建"对话框。

02 在对话框中设置各项参数

在"新建"对话框中，分别对文件的名称、大小、分辨率、颜色模式、背景内容等进行设置，设置完成后，单击"确定"按钮，即可新建一个文件。

新手提升：选择预设文件

在"新建"对话框中，单击"预设"选项下拉按钮，在下拉列表中可以选择多种Photoshop预设的文件大小，可以创建一些标准大小的文件。

2.1.2 打开文件

"打开"命令用于在Photoshop中打开一个已存在的图像文件，然后进行查看或继续编辑。打开文件通常有两种操作方法，可以应用菜单命令执行，也可以通过快捷键进行操作。下面介绍具体的操作步骤。

01 执行菜单命令

启动Photoshop CS5，在菜单栏中执行"文件>打开"菜单命令，也可以按下快捷键Ctrl+O，快速打开"打开"对话框。

02 选择需要打开的文件

在"打开"对话框中单击"查找范围"后的下三角按钮，选择文件的存储路径，然后单击文件，再单击"打开"按钮，打开选中的文件。

03 查看打开的文件

选择文件打开后，在图像窗口中就可以查看到该文件中的图像，如上图所示。

温馨提示

在Photoshop中可以打开多种不同格式的文件，在"打开"对话框中的"文件类型"下拉列表中可以选择30多种不同的格式，支持常用的JPEG、TIFF、EPS等图像格式，并且也可以打开3DS格式的3D图像等。

2.1.3　在文件中置入图像

当新建或打开一个文件后，可以利用"置入"命令，在文件中置入其他的图像。执行"文件>置入"菜单命令，打开"置入"对话框，可以选择多种不同格式的图像置入到文件中，具体操作如下。

01 新建文件

执行"文件>新建"菜单命令，打开"新建"对话框，设置新建文件名称为"在文件中置入图像"，宽度为800像素、高度为600像素，分辨率为72像素/英寸，确认设置后新建空白文件。

02 选择置入图像

执行"文件>置入"菜单命令，打开"置入"对话框，选择"随书光盘\素材\2\02.jpg文件"，然后单击"置入"按钮，置入选中的图像。

03 调整置入图像的大小

在图像窗口中可看到置入的图像效果，使用鼠标在图像边缘上拖曳，可调整图像大小，并移动到中间合适位置。

04 置入图像后的效果

按Enter键，确认置入图像，被置入的图像会自动在"图层"面板中生成一个新的智能图层，如上图所示。

2.1.4　存储文件

　　存储命令用于在Photoshop中将当前图像文件保存到指定的路径下。当编辑文件后，执行"存储"和"存储为"两个命令都可以打开"存储为"对话框，进行存储设置，具体操作如下。

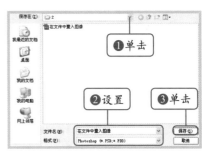

01 执行"存储为"命令

　　执行"文件>存储为"菜单命令，即可打开"存储为"对话框，将处理好的文件进行存储。

02 设置选项

　　在"存储为"对话框中设置存储路径，在"文件名"文本框中输入需要的文件名，并设置文件格式，然后单击"保存"按钮，即可进行存储。

2.2　图像的基本编辑

　　Photoshop CS5中的基本编辑操作大多都集中在"编辑"菜单下，如对图像进行剪切、复制、粘贴和变换等。下面就分别对各项命令进行介绍。

关键词　复制、粘贴、变换图像
难　度　◆◆◇◇◇

原始文件：素材\2\03.jpg、04.jpg

2.2.1　剪切、复制和粘贴

　　"剪切"命令用于将选区内的图像复制到剪贴板上，同时清除掉选区内的图像。执行"粘贴"命令，即可将剪贴板中的内容粘贴到当前图像文件的新图层中。"复制"命令用于将选区内的图像复制到剪贴板上，但原选区不做任何修改。

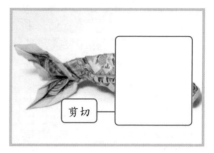

01 在图像中建立选区

打开"随书光盘\素材\2\03.jpg"图像文件，单击工具箱中的"矩形选框工具"按钮 ，然后在图像上进行拖曳，建立选区。

02 对选区进行剪切

执行"编辑>剪切"命令，即可将选中的区域剪切掉，剪切部分以背景白色显示。

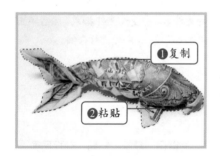

03 对选区进行复制

建立选区后，执行"编辑>复制"命令，然后执行"编辑>粘贴"命令，将选中的区域进行粘贴。

04 查看粘贴图像后的效果

使用"移动工具" 对粘贴的图像进行移动即可看到选区内的图像被粘贴到新建的图层中。

新手提升：选择创建选区的工具

在执行"剪切"、"复制"命令之前都需要创建选区，以确定需要剪切或复制的区域。选区可以用Photoshop中的多种选区创建工具进行创建，包括了规则选框工具和自由创建选区的工具，在工具箱中单击工具按钮即可选择工具。

2.2.2 自由变换图像

利用自由变换命令，通过变换编辑框，可对选区、图层或路径连续完成多个变换操作，如缩放、旋转、变形以及透视等，下面就对变换命令的不同变换方式分别进行介绍。

01 执行菜单命令

打开"随书光盘\素材\2\04.jpg"图像文件，在"图层"面板中解锁"背景"图层，执行"编辑>自由变换"菜单命令，在图像上即出现变换编辑框。

02 对图像进行缩放变换

将鼠标指针放在变换编辑框右下角的控制点上进行拖曳，即可对图像进行放大或缩小的变换。

03 对图像进行旋转变换

将鼠标指针放在变换编辑框控制点边缘外时，指针变为弯曲的双箭头，此时单击并拖曳鼠标，即可实现旋转变换。

04 对图像进行透视变换

右击鼠标，在弹出的快捷菜单中选择"透视"菜单命令，在控制点上单击并拖曳角控制点，即可对图像进行透视变换。

新手提升：变换图像时快捷键的使用

在对图像进行变换的操作中，还可以结合使用快捷键进行快速准确的变换。按住Shift+Alt键，可对图像进行向中心等比例的缩放变换；按住Shift键进行变换时，可以等比例缩放图像；按住Shift+Ctrl+Alt键拖曳变换编辑框控制点，就可以进行透视变换；按住Ctrl键拖曳控制点，可以进行倾斜变换；按住Alt键拖曳，可向中心随意缩放图像。

2.3　图像的调整操作

在图像的处理过程中，需要对图像的大小以及画布的大小进行精确设置，而图像大小和画布大小又存在着一定的区别，下面就分别对具体操作进行讲解。

关键词　图像大小、画布大小、裁剪图像

难　度　◆◆◇◇◇

原始文件：素材\2\05.jpg、06.jpg
最终文件：源文件\2\限定画布大小.jpg、裁剪图像.jpg

2.3.1　设置图像大小

在Photoshop中，可以通过"图像大小"命令打开"图像大小"对话框，进而调整图像的像素大小、打印尺寸和分辨率等。下面具体介绍图像大小的设置。

01 执行菜单命令

打开任意一幅图像后，执行"图像>图像大小"菜单命令，就可打开"图像大小"对话框。

02 设置图像的像素大小

在对话框中，分别对参数"宽度"和"高度"及"分辨率"进行设置，然后单击"确定"按钮。

2.3.2　限定画布大小

利用"画布大小"命令，可以添加或移去现有图像周围的工作区，还可以用来通过减小画布区域裁切图像。利用"画布大小"对话框，可以对画布进行扩大或缩小设置，下面介绍具体的操作步骤。

01 打开素材图像

打开"随书光盘\素材\2\05.jpg"图像文件。

02 设置"新建大小"选项

在"画布大小"对话框中可以看到当前画布的大小，然后设置"宽度"为10厘米、"高度"为7厘米。

03 选择画布扩展延伸

单击"画布扩展颜色"选项下拉按钮，在打开的下拉列表中选择"黑色"，然后单击"确定"按钮，关闭对话框。

04 查看扩大画布的效果

确认"画布大小"设置后，在图像窗口中可看到画布被扩大的效果，扩大区域以黑色填充，为图像添加了黑色的边框效果。

2.3.3　裁剪图像

裁剪图像就是对部分图像使用裁剪工具进行裁剪，以突出或加强构图效果。用户可以利用工具箱中的"裁剪工具" 在图像中拖曳创建裁剪框，并可对裁剪框进行大小、旋转调整。确认裁剪后即可获取对图像进行重新构图、裁剪多余图像或扩展画布的效果。

01 打开图像

执行"文件>打开"菜单命令，打开"随书光盘\素材\2\06.jpg"图像文件，然后在工具箱中单击"裁剪工具"按钮 。

02 拖曳创建裁剪区域

使用"裁剪工具" 在图像中拖曳，建立一个裁剪区域，可以看到裁剪区域以外的图像区域以半透明的黑色显示。

03 旋转裁剪框

将鼠标指针放置到裁剪编辑框边缘上，指针变为弯曲的双向箭头时单击并拖曳，对裁剪编辑框进行旋转调整。

04 确认裁剪后效果

调整裁剪框后，按Enter键确认变换，可看到裁剪编辑框以外的区域被去掉，并重新调整了构图，突出展现了人物。

新手提升：裁剪图像的其他方法

在Photoshop中，除了可以使用"裁剪工具"对图像进行裁剪编辑外，还可以利用菜单命令来裁剪图像。利用"画布大小"命令减小画布，可以准确地裁剪图像；使用"矩形选框工具"在图像中创建矩形选区，然后执行"图像>裁剪"菜单命令，即可将选区以外的区域裁剪掉。

2.4　工具箱中的辅助设置

在Photoshop CS5中使用绘图工具时，经常会用到颜色设置功能来设置各种颜色，下面介绍几种设置颜色的常用方法。

关键词　前景色、背景色、吸管工具
难　度　◆◆◇◇◇

原始文件：素材\2\07.jpg、08.jpg

2.4.1　设置前景色和背景色

工具箱中包括了用来设置前景色和背景色的前景色块和背景色块，单击色块，即可打开相应的拾色器对话框，选择颜色进行设置即可。

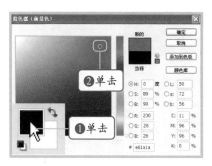

01 设置拾色器（前景色）
在工具箱中单击前景色色块，即可打开"拾色器（前景色）"对话框，在对话框颜色区域单击选择红色，确认后设置前景为红色。

02 设置拾色器（背景色）
在工具箱中单击背景色色块，即可打开"拾色器（背景色）"对话框，在对话框颜色区域单击选择蓝色，确认后设置背景色为蓝色。

2.4.2   吸管工具

利用"吸管工具"可以从当前的图像上进行颜色采样,采集的色样可用于指定新的的前景色或背景色。使用方法非常简单,使用"吸管工具"在图像上单击,即可将单击位置的颜色取样为前景色;按住Alt键单击取样,即可指定为背景色,具体操如下。

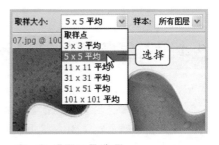

01 打开图像选择工具
执行"文件>打开"菜单命令,打开"随书光盘\素材\2\07.jpg"素材文件,在工具箱中单击"吸管工具"按钮 ,选中该工具。

02 设置工具选项
在选项栏中单击"取样大小"选项的下拉按钮,在打开的下拉列表中选择合适的取样大小。

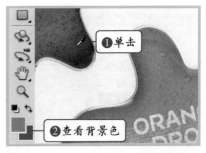

03 单击取样前景色
使用设置后的"吸管工具" 在橙色图像上单击进行取样,在工具箱中可看到前景色被更改为了取样的橙色,如上图所示。

04 设置背景色
按住Alt键用"吸管工具" 在紫色图像上单击,吸取紫色图像上的颜色,可以看到吸取的颜色自动变为了背景色。

2.4.3　添加和清除参考线

参考线对于确定图像或元素的位置很有帮助，它是悬浮在整个图像上但不会打印出来的线条。在标尺上单击并拖曳，即可得到一条参考线。用户可以移动或删除"参考线"，还可以将"参考线"锁定、隐藏，执行"视图>显示>参考线"菜单命令，可将参考线隐藏或显示出来。

01 打开图像显示标尺

执行"文件>打开"菜单命令，打开"随书光盘\素材\2\08.jpg"素材文件，按快捷键Ctrl+R显示标尺。

02 拖曳添加参考线

在图像上方的标尺上单击并向下拖曳，就可添加一条参考线，如上图所示。

03 添加多条参考线

分别在上方和左侧的标尺上单击并拖曳，继续添加参考线，拖曳参考线到画面中需要的位置即可在图像中添加多条参考线，效果如上页左图所示。

04 清除参考线

当不再需要参考线时，执行"视图>清除参考线"菜单命令，在图像窗口中即可看到添加的所有参考线都被清除了。

新手提升：显示/隐藏参考线

对添加的参考线还可以利用快速启动栏中的"查看额外内容"按钮进行显示或隐藏。单击"查看额外内容"按钮，在打开的列表中勾选"参考线"选项，即可显示参考线；取消勾选，即可隐藏图像中的参考线。

2.5 图像的输出设置

无论是要将图像打印到桌面打印机，还是要将图像发送到印前设备，了解有关打印的基础知识，都会使打印操作更顺利。正确掌握打印选项和页面属性等设置，将有助于确保完成的图像达到预期的效果。

关键词 打印设置、打印部分图像
难 度 ◆◆◇◇◇◇

原始文件:素材\2\09.jpg、10.jpg

2.5.1 图像打印页面设置

在进行图像打印时，若需要打印的图像拥有较高的品质，除了图像本身的像素质量和打印的好坏以外，还需要在打印页面属性中进行正确的设置。控制打印页面的基本属性和数值，即能够对图像进行正确的打印。下面介绍具体的操作步骤。

01 打开图像并执行菜单命令

执行"文件>打开"菜单命令，打开"随书光盘\素材\2\09.jpg"素材文件，然后执行"文件>打印"菜单命令，打开"打印"对话框。

02 单击"打印设置"按钮

在"打印"对话框中可看到打印图像的预览效果，由于页面过小，只能打印部分图像。单击"打印设置"按钮，对页面进行重新设置。

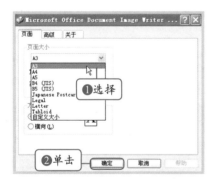

扩大页面效果

03 重新选择页面大小

在打开的对话框中单击"页面大小"选项组中的下拉按钮，在打开的下拉列表中选择A3页面，然后单击"确定"按钮。

04 扩大页面

返回"打印"对话框，可看到打印页面被扩大为A3大小，图像打印区域被放大，然后单击"打印"按钮，即可将设置后的文件打印出来。

2.5.2 打印部分图像

在进行图像打印时，不一定需要打印画面中的所有区域，用户可以指定图像中的任意一个位置，也可以是任意形状进行局部打印。在"打印"对话框中利用"位置"和"缩放后的打印尺寸"选项可以设置打印部分区域。

01 打开素材
执行"文件>打开"菜单命令，打开"随书光盘\素材\2\10.jpg"素材文件，然后执行"文件>打印"菜单命令，打开"打印"对话框。

02 设置页面方向
在"打印"对话框中单击"横向打印纸张"按钮 ，将打印页面设置为横向。

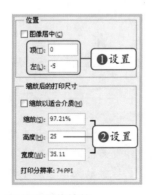

03 设置图像缩放
取消"图像居中"复选框的勾选，设置"顶"为0、"左"为-5，然后勾选"缩放以适合介质"复选框，并设置"高度"为25。

04 预览打印的部分图像
在左侧的预览框中可以看到图像指定打印区域的图像效果，然后单击"打印"按钮即可打印图像。

新手常见问题

3. 在Photoshop中可以将图像存储为哪些格式?

在Photoshop中对文件执行存储操作时,可以存储为多种文件格式,以满足用户的不同需求。执行"存储为"命令,在打开的对话框的"格式"选项下拉列表中罗列了20种不同的文件格式,选择后单击"保存"按钮即可存储为相应的文件格式。

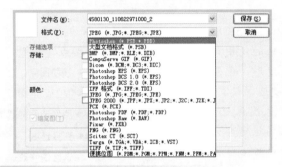

4. 如何利用"裁剪工具"更改图像的透视效果?

在使用"裁剪工具"对图像进行裁剪时,还可以控制图像的透视效果,方法是在选项栏中勾选"透视"复选框,然后在图像中创建裁剪框并拖曳边角上的控制点,更改裁剪框的形状,如下左图所示,确认裁剪后,就可以看到图像以裁剪框的形状进行了透视角度的调整,效果如下右图所示。

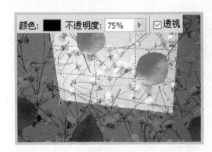

第3章

轻松把握——
基础工具及选区的应用

利用Photoshop CS5进行图像处理的过程中，选区的使用相当频繁，对于图像的选取、变形、色彩变换等一系列的操作，都需要选区设置作为辅助操作。

本章将从图像选区的创建开始介绍，为图像的特定部分设置选区，在创建选区后可以对选区进行移动、复制、填充、变换等操作，还可以对选区的图像进行变换和设置。

要点导航

- 移动图像
- 复制选区图像
- 图像选区的基本操作
- 变换选区
- 选区的修改

3.1 移动工具

移动工具是Photoshop中最常用的工具之一，其主要功能是将选区或图层拖曳到图像中合适的位置，并且在信息面板打开的情况下，可以看到移动图像的精确距离。移动工具还可以移动并复制选区或图层。

关键词 移动图像、移动并复制
难 度 ◆◇◇◇◇

原始文件：素材\3\01.psd
最终文件：源文件\3\移动图像.psd、移动并复制图像.psd

3.1.1 移动图像

移动图像是Photoshop中最常用的操作，使用"移动工具" ▶⊕ 可以固定移动图像，也可以任意移动图像。在工具箱中选中"移动工具"后，在选中的图层或选区内单击并拖曳，即可移动图像到任意位置，下面介绍具体的操作步骤。

01 打开图像并选择工具

执行"文件>打开"菜单命令，打开"随书光盘\素材\3\01.psd"素材文件，在工具箱中选择"移动工具" ▶⊕，并在"图层"面板中选择"图层1"，然后选中该图层中的企鹅图像。

02 移动图像

使用"移动工具"在"图层1"中的企鹅图像上单击并向右方拖曳，可看到企鹅图像沿鼠标指针移动的方向移动，如上图所示。

新手提升：固定移动图像

在使用"移动工具"移动图像时，按住Shift键进行拖曳，可看到图像被固定在垂直或水平方向上进行移动。

3.1.2　移动并复制图像

"移动工具" 在移动图像的同时还可以复制图像，在移动图像或选区的同时按住Alt键，即可在原图像不变的基础上复制生成一个相同的图像，下面介绍具体的操作步骤。

移动并复制

复制

01 移动并复制图像
打开"随书光盘\素材\3\01.psd"素材文件，选择"移动工具" ，然后在企鹅图像上单击并在按住Alt键的同时向右拖曳，移动并复制企鹅图像。

02 查看图层信息
打开"图层"面板，可看到企鹅图像被复制在了一个新图层，得到"图层1副本"图层。

缩小变换

复制效果

03 缩小图像
按快捷键Ctrl+T调出变换编辑框，对复制的企鹅图像进行缩小变换，如上图所示。

04 复制图像并调整大小
用与步骤01中相同的方法再移动并复制一个企鹅图像，然后缩小并调整位置，制作出企鹅三口之家的温馨画面。

3.2 选框工具组

在Photoshop中，使用工具箱中的选框工具可以创建规则的选区，这些工具包括"矩形选框工具"、"椭圆选框工具"、"单行选框工具"以及"单列选框工具"，运用这些工具可以选取规则图像及选区。

关键词 矩形选区、椭圆选区、单行/单列选区
难 度 ◆◇◇◇◇

原始文件:素材\3\
02.jpg、03.jpg

3.2.1 矩形选框工具

使用"矩形选框工具"□在图像中选取图像时，需要通过拖曳鼠标指定矩形图像区域，可以创建出矩形或正方形的选区，然后可以对选区进行组合或编辑，下面介绍具体的操作步骤。

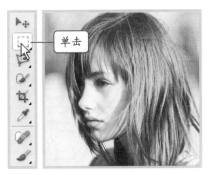

单击

矩形选区效果

01 打开图像并选择工具
打开"随书光盘\素材\3\02.jpg"图像文件，单击工具箱中的"矩形选框工具"按钮□，选中该工具。

02 绘制矩形选区
使用"矩形选框工具"□在图像中单击并拖曳出矩形框，释放鼠标后即可创建矩形选区。

3.2.2 椭圆选框工具

利用"椭圆选框工具"○可以在图像或图层中创建椭圆形或正圆形的选区。在工具箱中选择"椭圆选框工具"后，拖曳鼠标即可绘制出椭圆形选区，下面介绍具体的操作步骤。

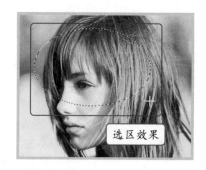

01 选择"椭圆选框工具"

同样打开3.2.1小节中的素材文件，在工具箱中选择"矩形选框工具"组的隐藏工具选项"椭圆选框工具"。

02 绘制椭圆选区

使用"椭圆选框工具"在画面中单击并拖曳，就可以绘制一个合适大小的椭圆形选区。

3.2.3　单行、单列选框工具

"单行选框工具" 和"单列选框工具" 可以用来绘制横向线段和竖向线段，其默认选择的宽度均为1px。使用单行选框工具或单列选框工具绘制选区时，在要选择的区域旁单击，然后拖曳到精确的位置处即可。

01 选择"单行选框工具"

打开"随书光盘\素材\3\03.jpg"素材文件，在工具箱中选择"矩形选框工具"组的隐藏工具选项"单行选框工具"。

02 绘制横向选区

在工具栏中单击"添加到选区"按钮，然后在图像中不同位置单击，可以创建出多条单行选区，如上图所示。

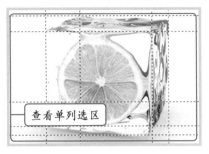

03 选择"单列选框工具"

在工具箱中选择"矩形选框工具"组的隐藏工具选项"单列选框工具" 。

04 绘制竖向选区

使用"单列选框工具" ，在画面中单击并拖曳，绘制竖向选区，绘制后可看到多行竖向选区效果。

新手提升：添加或减去选区

在绘制选区时，可以通过选择选项栏中的选区方式，实现添加或减去选区的操作。在使用选框工具进行绘制时，也可以结合快捷键的使用来添加或减去选区。绘制一个选区后，按住Shift键拖曳绘制选区，即可添加选区；按住Alt键拖曳绘制选区，即可减去选区。

3.3 套索工具组

套索工具组是Photoshop中很常用的工具，运用套索工具组中的工具可以选取不规则形状的图形。套索工具组中包含了"套索工具"、"多边形套索工具"、"磁性套索工具"，下面分别进行讲述。

关键词 套索工具、多边形套索工具、磁性套索工具
难　度 ◆◆◆◆◆

原始文件：素材\3\04.jpg、05.jpg、06.jpg
最终文件：源文件\3\磁性套索工具.psd

3.3.1 套索工具

"套索工具" 对于绘制不规则的选区十分有用，通过移动鼠标指针的位置，即可手动创建任意形状的选区，因此套索工具一般用于选取一些外形比较复杂的图形。下面介绍具体的操作步骤。

01 打开图像并选择工具
打开"随书光盘\素材\3\04.jpg"素材文件，单击工具栏中的"套索工具"按钮，选中该工具。

02 绘制框选区域
使用"套索工具"在图像边缘单击，然后按住鼠标左键沿图像边缘拖曳，可看到沿鼠标指针移动的位置出现了路径效果，如上图所示。

03 绘制选区效果
当路径终点与起点重合时，释放鼠标，可看到绘制的路径自动创建为选区，如上图所示。

温馨提示

选区就是选择区域，在Photoshop中对图像某个部分进行编辑时，就需要将该部分区域选取出来，再进行移动、复制、变换、调色等编辑，而不影响选区以外的图像。用户可以根据各种不同工具的特性更准确地创建选区。

3.3.2　多边形套索工具

"多边形套索工具"可用来选取不规则的多边形选区，通过连续单击创建选区边缘。"多边形套索工具"适用于选择一些形状复杂、棱角分明的图像，下面介绍具体的操作步骤。

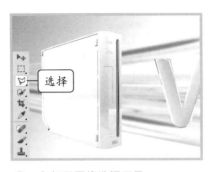

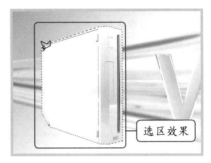

01 打开图像选择工具

打开"随书光盘\素材\3\05.jpg"素材文件，在工具箱中选择"套索工具"组中的隐藏工具选项"多边形套索工具" 。

02 创建多边形选区

使用"多边形套索工具" 在图像中单击绘制选区边框，即可创建选区。释放鼠标即可得到多边形选区效果。

3.3.3 磁性套索工具

"磁性套索工具" 适用于选取复杂的不规则图形，以及边缘与背景对比强烈的图形。在使用套索工具绘制选区时，系统会将套索路径自动吸附在图像边缘。下面介绍具体的操作步骤。

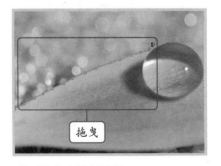

01 打开图像并选择工具

打开"随书光盘\素材\3\06.jpg"素材文件，在工具箱中选择"套索工具"组中的隐藏工具选项"磁性套索工具" 。

02 拖曳绘制路径

使用"磁性套索工具" 在图像中的红色图像边缘单击并移动鼠标指针，可看到沿鼠标指针移动的位置出现了带锚点的路径效果。

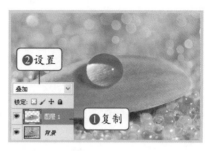

03 闭合路径后的选区效果

使用鼠标在红色图像边缘继续拖曳，当终点与起点重合时单击，可看到路径自动闭合为选区，如上图所示。

04 复制选区内的图像

按快捷键Ctrl+J复制选区内的图像，得到"图层1"图层，并设置其图层混合模式为"叠加"。图层混合后，选区内图像效果得到增强。

新手提升：通过拷贝的图层

在Photoshop中创建了选区后，如果需要复制选区内图像，可执行"图层>新建>通过拷贝的图层"菜单命令，将选区内的图像在原位置上复制，并生成新的图层；还可以使用快捷键Ctrl+J，快速复制图像到新的图层中。

3.4　魔棒工具组

魔棒工具组中的工具可以用来选取颜色相似的图像选区。魔棒工具组中包括"快速选择工具"和"魔棒工具"，这两种工具都可以根据特定的数值在其选项栏中设置相应的参数值。

关键词　快速选择工具、魔棒工具
难　度　◆◆◇◇◇

原始文件：素材\3\07.jpg、08.jpg、09.jpg
最终文件：源文件\3\快速选择工具.psd、魔棒工具.psd

3.4.1　快速选择工具

利用"快速选择工具" ☑ 可以快速地选取图像中的区域，只需要将鼠标指针拖曳到需要选取的图像上，即可将鼠标指针所到之处都创建为选区；并且可以在选项栏中设置合适的画笔大小来创建选区。下面介绍具体的操作步骤。

01 打开图像并选择工具

打开"随书光盘\素材\3\07.jpg"素材文件，在工具箱中单击"快速选择工具"按钮，选中该工具。

02 设置工具选项

在工具选项栏中单击"添加到选区"按钮，然后单击画笔选项下三角按钮，在打开的"画笔"选取器中设置大小为25px。

03 创建选区

使用"快速选择工具"在图像中红色的心形图像上连续单击，将心形创建为选区，如上图所示。

04 复制选区内的图像

按快捷键Ctrl+J复制选区内的图像，得到"图层1"图层，并设置其图层混合模式为"叠加"。图层混合后心形图像增强了对比度。

3.4.2 魔棒工具

"魔棒工具"是通过图像中相似的颜色来创建选区的，不必勾勒出其轮廓，只需要单击图像中需要选取的区域即可根据该颜色范围创建出选区，利用选项栏中的容差值可以确定选区范围的大小。下面介绍具体的操作步骤。

01 打开图像并选择工具

打开"随书光盘\素材\3\08.jpg"素材文件，在工具箱中选择"魔棒工具"，然后在人物上单击创建选区。

02 添加选区

单击属性栏中的"添加到选区"按钮，继续在人物脸部位置单击，将人物创建为选区。

03 复制图像

打开"随书光盘\素材\3\09.jpg"素材文件，将选区内的人物图像复制到风景图像中，得到"图层1"图层。

04 擦除多余图像

选择"橡皮擦工具"，在人物与背景图像的边缘进行擦涂，使背景与人物图像更加融合。

05 设置"色彩平衡"调整图层

在"调整"面板中创建一个"色彩平衡"调整图层，在打开的设置选项中设置参数依次为 -33、+13、+78。

06 编辑调整图层蒙版

使用黑色的"画笔工具"在背景区域进行涂抹，再利用调整图层的蒙版遮盖背景的蓝色调效果。

3.5 选区的设置

已经学习了如何创建选区，在创建好选区后，便可以对选区执行一些基本操作，包括取消选择和反向选择选区、移动选区、变换选区，以及通过色彩范围对颜色区域进行设置等，本节将进行详细介绍。

关键词 反向选区、修改选区、色彩范围、变换选区
难 度 ◆◆◆◇◇

原始文件：素材\3\10.jpg、11.jpg、12.jpg、13.jpg、14.jpg、15.jpg
最终文件：源文件\3\取消和反向选择选区.psd、变换选区.psd、羽化选区.psd、应用色彩范围设置选区.psd、修改选区.psd

3.5.1 取消和反向选择选区

在对选区进行选择之后，执行菜单命令可快速地将选区取消。若想对选区进行反向选择操作，执行"选择>反向"菜单命令即可。下面介绍具体的操作步骤。

01 打开图像并执行菜单命令

执行"文件>打开"菜单命令，打开"随书光盘\素材\3\10.jpg"素材文件，使用"魔棒工具" 在图像中的白色区域单击，可看到白色背景被创建为选区。

02 反向选区

执行"选择>反向"菜单命令，或按快捷键Shift+Ctrl+I，快速反向选区，将白色背景以外的人物图像创建为选区。

新手提升："选择"命令的常用快捷键

在编辑选区时，常会用到"选择"菜单下的各种命令，对于常用到的选择命令，可以用其相应的快捷键快速执行。选择图层中的"全部"内容快捷键为Ctrl+A；"重新选择"快捷键为Shift+Ctrl+D；"取消选择"快捷键为Ctrl+D。

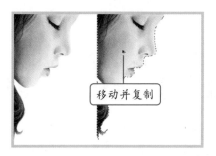

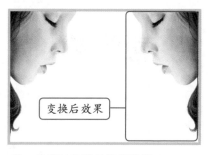

03 移动并复制选区图像
　　选择"移动工具" ，在选区内单击并按住Alt键向右方拖曳，移动并复制选区内的人物图像，如上图所示。

04 翻转图像并取消选区
　　执行"编辑>变换>水平翻转"菜单命令，水平翻转选区内图像，并移动到左侧，形成对称的效果，然后按快捷键Ctrl+D，取消选区。

3.5.2 变换选区

　　使用"变换选区"菜单命令，可以对选区进行变换，其菜单选项与自由变换的选项相同，可以对选区进行缩放、旋转、倾斜、透视等操作。"变换选区"命令与"变换"命令不同的是其只对选区进行变换，而不影响选区内的图像，具体操作如下。

01 新建文件并置入图像
　　执行"文件>新建"菜单命令，新建一个空白文件，设置"宽度"和"高度"分别为30厘米和20厘米，然后在新建文件中置入"随书光盘\素材\3\11.jpg"素材文件，如上图所示。

02 创建矩形选区
　　选择工具箱中的"矩形选框工具" ，在图像上单击并拖曳，创建选区，选区效果如上图所示。

03 变换选区

执行"选择>变换选区"菜单命令，单击鼠标右键，在弹出的快捷菜单中选择"斜切"菜单命令，设置选区的斜切效果。

04 复制选区内的图像

按Enter键确定变换，再按快捷键Ctrl+J复制选区内的图像，在"图层"面板中可看到复制图像得到的新图层"图层1"。

05 变换图像

按快捷键Ctrl+T打开"自由变换"工具，再单击右键，在弹出的快捷菜单中选择"水平翻转"菜单命令，将复制的图像水平翻转，调整图像大小后按Enter键完成变换。

06 置入图像并降低不透明度

将"随书光盘\素材\3\12.jpg"素材文件置入文件中，并在"图层"面板中设置图层的"不透明度"为30%，然后将图像移动到"图层1"下方。

新手提升：快速调整图层排列顺序

在Photoshop中是通过图层的叠加组合成图像的，图层的排列顺序非常重要，可利用键盘快捷键对图层之间的排列顺序进行快速调整。向前移动一个图层快捷键为Ctrl+]；向后移动一个图层快捷键为Ctrl+[。

07 移动图像位置

利用"移动工具" ▶⊹ 在画面中选择图像并调整位置，调整效果如上图所示。

08 添加文字完善效果

使用"横排文字工具"在图像中添加几行文字，让画面效果更完整。

3.5.3 羽化选区

羽化选区可以将选区的轮廓设置得更柔和，羽化半径的数值设置得越高，边缘越模糊，所以在对选区进行模糊的同时会丢失部分细节。用户可以执行"选择>修改>羽化"菜单命令打开"羽化选区"对话框进行设置，也可以在使用选区工具创建选区前在工具选项栏中设置"羽化"选项参数，创建出羽化的选区。下面介绍羽化选区的具体操作步骤。

01 打开图像并创建选区

打开"随书光盘\素材\3\13.jpg"素材文件，利用"套索工具"在图像中的伞图像边缘进行拖曳，创建出选区效果，如上图所示。

02 羽化选区

执行"选择>修改>羽化"菜单命令，打开"羽化选区"对话框，设置"羽化半径"为20像素，然后单击"确定"按钮。

03 移动并复制图像

　　羽化选区后，使用"移动工具"　在选区内单击并按住Alt键向右拖曳选区内的图像，可看到复制出了边缘柔和的图像。

04 取消选区后的效果

　　复制选区内图像后，按快捷键Ctrl+D取消选区，可看到羽化了选区后，图像边缘变得柔和，与背景沙滩图像自然融合在一起。

3.5.4　应用色彩范围设置选区

　　应用"色彩范围"命令，可以在选取特定颜色范围时预览到调整后的效果，并且可以按照图像中色彩的分布特点自动生成选区。下面介绍应用色彩范围设置选区的具体操作步骤。

01 打开素材并执行命令

　　打开"随书光盘\素材\3\14.jpg"素材文件，然后执行"选择>色彩范围"菜单命令，打开"色彩范围"对话框。

02 取样颜色

　　在对话框中调整"颜色容差"为120，使用"吸管工具"在图像中白色云朵的位置单击，吸取颜色，然后确认设置。

03 反向选区并新建图层

执行上步操作后，可以看到应用"色彩范围"设置的颜色区域，按快捷键Ctrl+Shift+I反向选区，并在"图层"面板中新建一个图层。

04 设置前景色

单击工具箱中的前景色块，在"拾色器（前景色）"对话框中设置前景色，设置完成后单击"确定"按钮。

05 填充颜色

按快捷键Alt+Delete，在"图层1"中为选区填充在步骤04中设置的前景色，填充颜色的效果如上图所示。

06 设置图层混合模式

将"图层1"图层的混合模式设置为"颜色"，图层混合后可看到图像变为紫红色的效果。

3.5.5　修改选区

利用修改选区中的命令，可以对创建的选区边界进行调整，例如平滑选区、扩展或收缩选区等。对选区执行修改命令就会弹出相应的对话框，通过对话框选项的设置，可准确地对选区进行修改。

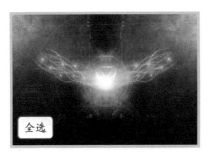

01 打开素材并全选图像

打开"随书光盘\素材\3\15.jpg"素材文件，然后按快捷键Ctrl+A全选图像，将图像创建为选区。

02 执行菜单命令

对选区执行"选择>修改>边界"菜单命令，打开"边界选区"对话框。

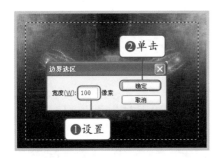

03 设置边界选区

在"边界选区"对话框中设置"宽度"为100像素，然后单击"确定"按钮确认设置，这时在图像窗口中就可看到选区边界被调整为100像素后的效果，如上图所示。

04 新建图层并填充选区

在"图层"面板中单击"创建新图层"按钮，新建"图层1"图层后为选区填充白色。填充选区后即为图像添加了白色的边缘效果，如上图所示。

新手提升：填充选区

在创建选区后，需要为选区填充颜色时，可以通过设置前景色和背景色，为选区填充颜色；也可以执行"编辑>填充"菜单命令，利用打开的"填充"对话框，为选区设置填充的颜色；还可以通过对话框中的选项设置填充为图案，设置填充的混合模式、不透明度等。

05 设置收缩选区

按快捷键Shift+Ctrl+I反向选区后，执行"选择>修改>收缩选区"菜单命令，在打开的"收缩选区"对话框中设置"收缩量"为30像素，确认设置后选区向内收缩了30个像素。

06 填充选区

新建"图层2"图层，为选区填充白色，然后设置该图层的图层混合模式为"柔光"。按快捷键Ctrl+D取消选区后，可看到为图像制作出了立体空间的效果。

3.5.6 存储和载入选区

在对选区进行设置时，可以通过执行"载入选区"和"存储选区"命令对选区进行保存。下面介绍具体的操作步骤。

01 载入选区

在"图层"面板中选择任意一个图层，执行"选择>载入选区"菜单命令，可以将图层中的图形选区载入，还可以在已有的选区上对选区进行添加、减去、设置交叉等操作。

02 存储选区

对已选择的图像选区执行"选择>存储选区"菜单命令，打开"存储选区"对话框，可将选区保存为通道。当下次使用该选区时，直接在通道中将选区载入即可。

新手常见问题

5. 在"矩形选框工具"选项栏中，选区样式选项有何作用？

在"矩形选框工具" ⬚ 的选项栏中利用"样式"选项可以设置选区的形状。在"样式"下拉列表中可选择"正常"、"固定比例"、"固定大小"3种样式，默认为正常样式，可以随意绘制大小不一的矩形选区。选择"固定比例"样式，通过对宽度和高度的设置，可绘制出固定比例的矩形选区，如下左图所示；选择"固定大小"样式，设置宽度和高度值后，绘制的选区都为相同大小，如下右图所示。

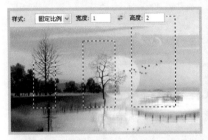 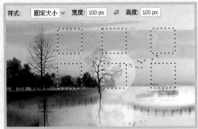

6. 是否可以在用规则选框工具创建选区后再利用不规则选框工具继续添加选区呢？

在用规则选框工具创建选区后，还可以利用不规则选框工具继续添加选区，方法是绘制选区后，选择不规则选区，在选项栏中单击"添加到选区"按钮，即可在图像中继续添加选区。如下左图所示，使用"椭圆选框工具" ◯ 绘制一个椭圆选区后，可再使用"套索工具" ◯ 添加选区，如下右图所示。

 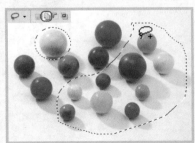

第4章

替换与开拓——
图像的修饰和绘制

　　利用Photoshop可以完成图像的修饰和绘制，应用多种图形绘制和增效工具，可以为图像添加丰富的图形和色彩，增强画面的表现力。

　　比如在照片处理中，图像的修饰是最基础的处理操作，通过多种修复工具的组合应用，可以设置完美的数字照片效果。另外，Photoshop中的多种增效工具还可以帮助用户更自由地创作出具有美感的图像效果。

要点导航

- 图像的修复
- 绘制图像
- 擦除图像
- 模糊、锐化图像
- 加深、减淡图像

4.1 图像的修补工具

利用修补工具,可以对图像中的瑕疵进行修补,可以去除图像中的污渍、油渍等附加的部分,还可以对不需要的部分图形进行遮盖和隐藏,也可以对闪光灯拍摄产生的红眼进行去除。

关键词 修复污点、修补图像
难 度 ◆◆◆◇◇

原始文件:素材\4\01.jpg、02.jpg、03.jpg、04.jpg
最终文件:源文件\4\污点修复画笔工具.psd、修复画笔工具.psd、修补工具.psd、红眼工具.psd

4.1.1 污点修复画笔工具

利用"污点修复画笔工具"  可以快速地移去照片中的污点和瑕疵,通过单击即可完成。使用该工具,可以自动从修饰区域的周围取样,修复有污点的像素,并将样本像素的纹理、光照、透明度和阴影与所修复的像素相匹配。

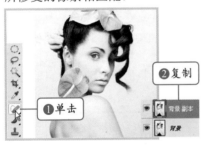

01 打开图像并选择工具

打开"随书光盘\素材\4\01.jpg"素材文件,在工具箱中单击"污点修复画笔工具"按钮,并在"图层"面板中复制"背景"图层得到"背景副本"图层。

02 设置工具选项

在选项栏中单击"画笔"选取器下三角按钮,打开"画笔预设"拾取器,设置画笔的"大小"为10px、"硬度"为50%。

新手提升:快速调整画笔大小

在需要进行画笔设置时,结合使用键盘上的[键和]键,可以快速地对画笔的大小按一定比例进行变换。按[键,可以将画笔调小;按]键,可将画笔调大。

单击

查看去除点痣效果

03 单击去除点痣

利用上一步设置好的"画笔工具"在人物皮肤上进行单击，将人物皮肤上的点痣去除。

04 继续去除点痣效果

继续在人物皮肤上单击，将人物背部和手臂上的所有点痣全部去除，恢复光洁干净的皮肤效果。

4.1.2　修复画笔工具

　　"修复画笔工具"　可以用于数码照片的瑕疵校正，通过图像或图案中的样本像素来修复画面中不理想的部分，并将样本像素的纹理、光照、透明度和阴影与所修复的像素进行匹配，将所修复的图像自然地融入到图像的其他部分中。

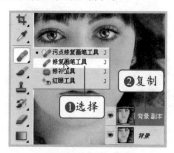

❶选择　❷复制

01 打开素材并复制图层

打开"随书光盘\素材\4\02.jpg"素材文件，选择"修复画笔工具"　，并复制"背景"图层得到副本图层。

02 设置工具画笔大小

在工具箱选项栏中单击画笔选项的下三角按钮，打开"画笔预设"拾取器，设置"大小"为15px。

03 取样并修复
按住Alt键单击裂痕周围部分的图像，对图像进行取样，将取样的图像移动至相近的裂痕图像上单击，用周围的图像覆盖裂痕图像。

04 继续修复
根据之前的操作步骤，重复对裂痕周围的图像进行取样，并将取样的图像覆盖至裂痕图像上，直至将裂痕图像完全修复。

4.1.3 修补工具

"修补工具" 🔘 可以利用样本或图案对所选区域中图像不理想的部分进行修复。与"修复画笔工具"一样，"修补工具"会将样本像素的纹理、光照和阴影与源像素进行匹配，不同的是，使用"修补工具"需在图像中预先为修补区域创建一个选区，再拖曳选区图像至替换区域，对选区图像进行修复，具体的操作如下。

01 打开素材并复制图层
打开"随书光盘\素材\4\03.jpg"素材文件，选择"修补工具" 🔘，并复制"背景"图层得到副本图层。

02 绘制修补区域
在工具箱选项栏中选择修补为"源"，然后使用该工具在图像右边的海豚图像边缘拖曳绘制选区。

03 拖曳修补图像
使用"修补工具" 🔲 在选区内单击并向右边天空图像拖曳，可看到以天空图像遮盖了选区内的海豚。

04 查看修补效果
释放鼠标后，按快捷键Ctrl+D取消选区，可看到被修补的区域自然地融合到了背景图像中。

4.1.4　红眼工具

　　红眼是由于相机闪光灯在主体视网膜上反光引起的。在光线较暗的地方进行照片拍摄时，通常会使用闪光灯进行补光，容易拍摄到带有红眼的照片图像。在Photoshop CS5中使用"红眼工具" 📷 ，可移去用闪光灯拍摄的人像或动物照片中的红眼，操作步骤如下。

01 打开素材并复制图层
打开"随书光盘\素材\4\04.jpg"素材文件，选择"红眼工具" 📷 ，并复制"背景"图层得到副本图层。

02 绘制区域
使用"红眼工具" 📷 在人物左眼睛边缘单击并拖曳，将瞳孔绘制到矩形区域内。

03 去除红眼
释放鼠标后可看到眼睛被去除了红色，恢复了正常的瞳孔效果。

04 去除另一边红眼效果
使用"红眼工具" 在人物另一只眼睛上单击并拖曳，去除红眼。

新手提升：单击去除红眼

利用"红眼工具"在图像上单击并拖曳绘制的矩形框可以确定去除红眼的范围，也可以直接使用该工具在人物红眼上单击，自动调整红眼范围进行去除。

4.2 图像的绘制和擦除

使用Photoshop 中的绘画功能时，主要需要运用到多种类型的绘画工具，运用绘画工具可以绘制任意图像。绘画工具主要包括了"画笔工具"、"铅笔工具"、"混合器画笔工具"和"历史艺术画笔工具"另外，还需要运用到图形的擦除工具，将不需要的图像进行删除。

关键词　画笔、橡皮擦
难　度　◆◆◆◇◇

原始文件:素材\4\05.jpg、06.jpg、07.jpg、08.jpg、09.jpg、10.jpg
最终文件:源文件\4\画笔工具.psd、铅笔工具.psd、混合器画笔工具.psd、历史记录艺术画笔工具.psd、橡皮擦工具.psd、魔术橡皮擦工具.psd

4.2.1　画笔工具

　　"画笔工具" 可以在图像上运用当前的前景色,根据不同的笔触进行图像创作。在工具选项栏中可以调整笔触的形态、大小以及材质,还可以随意调整特定形态的笔触,具体的操作步骤如下。

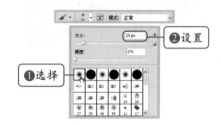

01 打开图像并选择工具
　　打开"随书光盘\素材\4\05.jpg"素材文件,单击工具箱中的"画笔工具"按钮,选中该工具。

02 选择画笔
　　在选项栏中单击画笔后的下三角按钮,在打开的"画笔预设"拾取器中单击选择柔角画笔,并设置"大小"为25px。

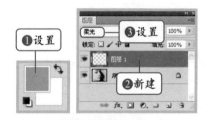

03 设置颜色并新建图层
　　设置前景色为红色"R:246、G:115、B:115",然后在"图层"面板中单击"创建新图层"按钮,新建"图层1"图层,设置图层混合模式为"柔光"。

04 为嘴唇涂抹上色
　　使用"画笔工具" 在图像中人物的嘴唇上进行涂抹,可看到被涂抹后的嘴唇添加了颜色,变得鲜艳。

新手提升：快速新建图层

　　在Photoshop中,单击"图层"面板下的"创建新图层"按钮,可在当前选择的图层上方新建一个空白图层,并以一定的图层顺序命名图层;还可以通过快捷键Ctrl+Shift+N打开"新建图层"对话框,通过重新设置新建图层的名称等选项,进行新图层的创建。

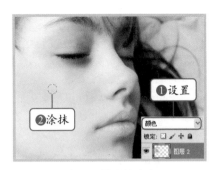

05 新建图层并涂抹上色
新建空白图层"图层2"，并设置其图层混合模式为"颜色"，然后使用画笔工具在人物眼睛和脸颊上进行涂抹，添加眼影和腮红效果。

06 为人物上妆
用同样的方法新建图层，并设置图层混合模式，然后更改前景颜色，为人物增添眼影颜色，并为人物添加糖果色的彩妆效果。

4.2.2 铅笔工具

"铅笔工具" ✐ 的使用方法与"画笔工具"类似，但与"画笔工具"不同的是，使用"铅笔工具"在图像窗口中绘制图像时，会产生生硬的线条图像。"铅笔工具"可以用于设置图像的线条等。

01 打开图像并选择工具
打开"随书光盘\素材\4\06.jpg"素材文件，在工具箱中选择"铅笔工具" ✐，设置铅笔的大小为4px，然后在画面中单击并拖曳绘制线条。

02 绘制闭合的线条效果
继续使用"铅笔工具"在画面中绘制线条，创建的线条呈现生硬的转角和锯齿，如上图所示。

4.2.3　混合器画笔工具

　　使用Photoshop CS5中新增的"混合器画笔工具" ![]可以模拟真实的绘画技术，如混合画布上的颜色、组合画笔上的颜色。在工具箱中选择该工具后，需要将油彩载入储槽。油彩可在画面中拾取，也可以前景色为准，选择画笔后在图像中进行涂抹，就可将图像模拟出真实的绘画效果。下面介绍具体的操作步骤。

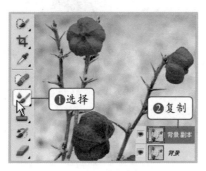

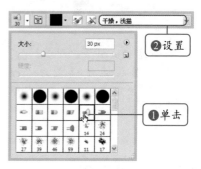

01 打开素材并复制图层

　　打开"随书光盘\素材\4\07.jpg"素材文件，在工具箱中选择"混合器画笔工具" ![]，然后在"图层"面板中复制"背景"图层得到副本图层。

02 设置工具选项

　　在工具选项栏中打开"画笔预设"选取器，单击选择"圆扇形细硬毛刷"画笔，并设置画笔组合为"干燥，浅描"。

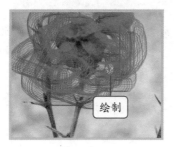

03 载入油彩进行绘制

　　按住Alt键在红色图像上单击载入油彩，然后使用该工具在红色图像的边缘单击并拖曳鼠标，绘制出红色的细线条。

04 继续绘制图像

　　用与上一步骤中相同的方法在另两个红色图像上单击载入油彩，然后进行涂抹绘制，绘制出特殊线条的花朵效果，如上图所示。

4.2.4　历史记录艺术画笔工具

"历史记录艺术画笔工具" 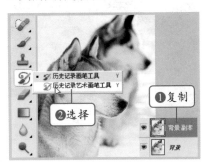使用指定历史记录状态或快照中的源数据，以风格化描边进行绘画。通过尝试使用不同的绘画样式、大小和容差选项，可以用不同的色彩和艺术风格模拟绘画的纹理。下面介绍该工具的具体使用方法。

01 打开素材并选择工具

打开"随书光盘\素材\4\08.jpg"素材文件，为"背景"图层创建一个副本图层，然后在工具箱中选择"历史记录艺术画笔工具" 。

02 设置选项并涂抹画面

在工具选项栏中调整画笔的"不透明度"为30%，"样式"为"绷紧长"，"区域"为20px，再使用画笔在画面中进行涂抹，设置绘画效果。

03 涂抹整个图像

继续在画面中进行涂抹，查看涂抹整个画面后的图像效果。

04 设置图层混合模式

将"背景 副本"图层的混合模式设置为"变暗"，设置后的图像效果将呈现水墨绘画的效果。

4.2.5 橡皮擦工具

　　使用"橡皮擦工具" ，可以将图像中的像素去除，去除像素的图像将变为透明效果。若在未解锁的"背景"图层上进行擦除，被擦除的区域会以背景色显示。下面介绍"橡皮擦工具"的具体操作步骤。

01 打开素材并新建图层
打开"随书光盘\素材\4\09.jpg"素材文件，在"图层"面板中单击"创建新图层"按钮，新建空白图层"图层1"。

02 设置图层混合模式
为"图层1"填充红色"R：247、G：107、B：229"，并设置图层混合模式为"颜色加深"，图层混合后可看到图像被更改了颜色。

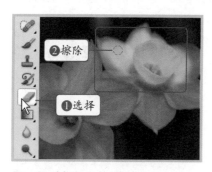

03 选择工具并继续擦除
在工具箱中选择"橡皮擦工具"，将画笔调整到适当大小后，在图像中的右边花朵上进行涂抹，可看到被涂抹区域的红色被擦除了。

04 擦除图像后的效果
使用"橡皮擦工具"在右侧的花朵上继续擦除红色，并将背景区域的红色也涂抹擦除，如上图所示。

4.2.6 魔术橡皮擦工具

利用"魔术橡皮擦工具" ，可以更改相似的像素。使用该工具在图像中单击时，该工具会将所有相似的像素擦除，更改为透明。使用该工具在被锁定的"背景"图层上单击时，会自动解锁图层，擦除区域变为透明。

01 打开素材并选择工具
打开"随书光盘\素材\4\10.jpg"素材文件，在工具箱中选择"魔术橡皮擦工具" 🖉。

02 单击擦除图像
使用"魔术橡皮擦工具"在背景图像上单击，可看到与单击位置相似的背景区域都被自动擦除，并显示为透明效果，如上图所示。

03 查看图层效果
在"图层"面板中可查看到原本锁定的"背景"图层被自动解锁，变成普通图层，并更改图层名称为"图层0"，如上图所示。

04 继续擦除背景
使用"魔术橡皮擦工具"在人物背景其他区域进行单击，将背景擦除，只保留人物部分。

4.3　颜色的填充

关键词　油漆桶工具、渐变工具
难　度　◆◆◇◇◇

颜色的填充是进行图像创作和编辑的基本操作之一，Photoshop提供了两种用于颜色填充的工具，可以分别进行纯色和渐变颜色的填充，将颜色填充至选区、图形或者是其他图像上。

原始文件：素材\4\11.jpg、12.jpg
最终文件：源文件\4\油漆桶工具.psd、渐变工具.psd

4.3.1　油漆桶工具

使用"油漆桶工具" ，可以填充单一的颜色或是对相近的颜色区域进行前景色或图案的填充，直接单击即可完成操作。下面介绍使用油漆桶进行颜色填充的具体步骤。

01 打开图像并选择工具
打开"随书光盘\素材\4\11.jpg"素材文件，复制"背景"图层后选择"渐变工具"组中的隐藏工具"油漆桶工具"。

02 单击填充颜色
设置前景色为红色"R：255、G：0、B：0"，然后使用"油漆桶工具"在黑色图像上单击，可看到黑色图案被重新填充了红色。

新手提升：油漆桶工具填充图案

选择"油漆桶工具"后，在工具选项栏中可以选择填充区域的源为"图案"，再利用"图案"拾色器选择图案后，就可以在图像中填充图案了。

4.3.2 渐变工具

利用"渐变工具" ，可以创建具有丰富颜色变化的色带形态。使用"渐变工具"可以对图像进行各种类型的渐变填充，其中包括线性、径向、角度、对称等。下面将具体介绍使用"渐变工具"对图像进行颜色填充的操作步骤。

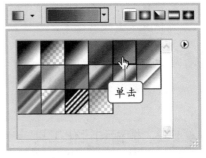

01 打开图像并选择工具

打开"随书光盘\素材\4\12.jpg"素材文件，在工具箱中选择"渐变工具" ，并在"图层"面板中新建空白图层"图层1"。

02 选择渐变颜色

在工具选项栏中单击渐变条后的下三角按钮，在打开的"渐变"拾色器中单击选择"紫，橙渐变"色块。

03 填充渐变颜色

使用"渐变工具"在图像右侧单击并水平向左拖曳，释放鼠标后，即可在当前图层上填充渐变颜色，如上图所示。

04 设置图层混合模式

在"图层"面板中设置"图层1"的图层混合模式为"正片叠底"，图层混合后，可看到黑白的图像被填充了渐变颜色后的效果。

4.4 润饰图像

在图像的润饰方面，Photoshop提供了多种工具，帮助用户对图像进行模糊和清晰化效果的处理，图像明暗程度的设置，可以通过选择加深和减淡工具来实现；选择饱和度工具，则可以对画面色彩浓度进行增加和减少。下面分别进行讲述。

关键词　模糊和锐化、加深和减淡
难　度　◆◆◆◇◇

原始文件：素材\4\13.jpg、14.jpg、15.jpg
最终文件：源文件\4\模糊和锐化工具.psd、加深和减淡工具.psd、海绵工具.psd

4.4.1 模糊和锐化工具

利用"模糊工具"，可柔化硬边缘或减少图像中的细节。"锐化工具"用于增加边缘的对比度，以增强外观上的锐化程度。使用模糊或锐化工具在某个区域上方绘制的次数越多，该区域就越模糊或清晰。下面具体介绍使用模糊和锐化工具润饰图像的操作步骤。

01 打开图像并选择工具

打开"随书光盘\素材\4\13.jpg"素材文件，在工具箱中单击"模糊工具"按钮，选中该工具，并在"图层"面板中复制"背景"图层得到副本图层。

02 模糊图像

在"模糊工具"选项栏中设置画笔大小为80px，强度为100%，然后在图像中花朵的边缘进行涂抹，可看到被涂抹区域的图像变得模糊。

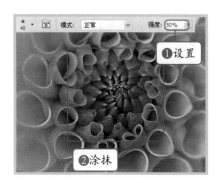

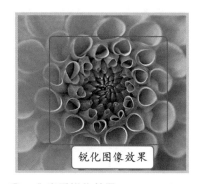

03 锐化图像

选择"锐化工具",在工具选项栏中调整选项栏中的锐化强度为50%,移动画笔至页面的花蕊中心位置并进行涂抹,被涂抹区域图像变得清晰。

04 查看锐化效果

多次涂抹花蕊中心图像,会将花蕊设置得更为清晰,在画面中查看花朵的焦点全部集中在花蕊的中心。

4.4.2 加深和减淡工具

"加深工具"和"减淡工具"是基于调节照片特定区域的曝光度的传统摄影技术,使图像区域变暗或变亮。用加深或减淡工具在某个区域上方绘制的次数越多,该区域就会变得越暗或越亮。下面介绍具体的操作步骤。

01 打开图像并选择工具

打开"随书光盘\素材\4\14.jpg"素材文件,在工具箱中选择"减淡工具",然后复制"背景"图层,得到"背景 副本"图层。

02 提亮人物皮肤

在工具选项栏中设置"范围"为"中间调","曝光度"为5%,然后在人物皮肤上进行涂抹,提亮皮肤。

03 加深阴影区域

选择工具箱中的"加深工具"，设置选项栏中的"范围"为"阴影"，"曝光度"为10%，在人物五官部分进行涂抹，加深暗调区域。

04 修饰图像

继续使用"加深工具"在人物头发上进行涂抹，加深阴影区域；再利用"减淡工具"对图像的高光区域进行减淡处理，完成效果如上图所示。

4.4.3　海绵工具

利用"海绵工具"，可精确地更改区域图像中的色彩饱和度，可以分别对图像的饱和度进行增加或降低的设置。当图像处于灰度模式时，该工具通过使灰阶远离或靠近中间灰色来增加或降低对比度。下面具体介绍使用海绵工具的操作步骤。

01 打开素材并复制图层

打开"随书光盘\素材\4\15.jpg"素材文件，在"图层"面板中为"背景"图层创建一个副本，为"背景 副本"图层。

02 降低图像饱和度

选择工具箱中的"海绵工具"，在工具选项栏中进行设置，然后在图像中最大的花朵以外的区域进行涂抹，降低被涂抹区域色彩的饱和度。

新手常见问题

7. 怎样在"画笔"面板中对其属性进行设置？

使用"画笔工具"时，还可以通过"画笔"面板对画笔属性进行设置。在工具选项栏中单击"切换画笔描边"按钮<u>⊠</u>，打开"画笔"面板，可以选择笔触，设置大小、角度、间距等，如下左图所示。选择"画笔笔尖形状"下的"形状动态"选项，可以打开相应的设置选项，调整画笔的形状动态，如下中图所示。选择"纹理"选项，还可以对画布的纹理进行设置，如下右图所示。

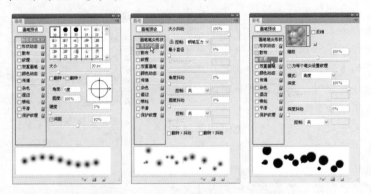

8. 在"渐变编辑器"面板中怎样载入新的渐变？

使用"渐变工具"时，单击选项栏中的渐变条，可以打开"渐变编辑器"对话框，可以选择预设的渐变色或设置任意的渐变颜色，还可以载入Photoshop中预设的多种渐变颜色。方法是单击对话框中的"载入"按钮，如下左图所示，打开"载入"对话框，如下右图所示，选择GRD格式的渐变色载入即可。

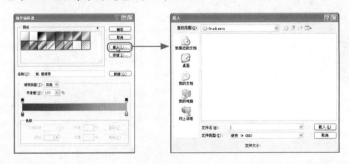

第5章

掌控斑斓色彩——
图像色调与明暗的调整

作为图像处理的首选软件，在图像的色彩处理上，Photoshop提供了强大的功能，它可以将许多有缺陷的图像用简捷的方法调整出满意的效果。在对图像进行处理时，图像色调和明暗的调整也必不可少。

本章从不同色彩模式之间的转换开始介绍，再具体讲解图像色彩调整和明暗调整的基本方法，帮助读者循序渐进地掌握"图像"菜单中多种色彩处理命令的应用。

要点导航

- 转换颜色模式
- 制作灰色图像效果
- 更改图像颜色
- 更换风景季节
- 调整图像曝光度
- 制作HDR色调效果

5.1　认识图像的颜色模式

在使用Photoshop处理图像时，色彩模式以建立好的描述和重现色彩的模式为基础，并且每种模式都有其各自的特点和使用范围。本节将着重介绍几种常用的色彩模式。

关键词　常用颜色、模式

难　度　◆◇◇◇◇

01 位图模式

图像中每个像素点的变化，都只使用"位"来描述，我们称为位图模式。位图模式的图像只有黑色与白色两种像素，主要应用于早期不能识别颜色和灰度的设备。

02 灰度模式

灰度模式的图像只有灰度信息。将彩色图像转换成灰度模式时，会扔掉源图像中的所有色彩信息。与位图模式相比，灰度模式能够更好地表现高品质的图像效果。

03 双色调模式

双色调模式采用2～4种彩色油墨来创建，它由双色调、三色调和四色调混合色阶来组成图像。双色调最主要的作用是使用尽量少的颜色来表现尽量多的颜色层次。

04 索引模式

索引模式最多使用256种颜色。在索引模式下，通常会构建一个调色板存放图像中的颜色，通过限制调色板中颜色的数目，可以限定文件大小，同时保持视觉上的品质不变。

05 RGB模式
RGB模式是Photoshop中最常用的一种颜色模式，它是由红、绿、蓝作为合成其他颜色的基色而组成的颜色系统，适用于普通打印机、显示器或彩色图像。

06 CMYK模式
由青、品红、黄以及黑4种基色组成的颜色系统称为CMYK模式颜色系统，CMYK模式颜色系统适用于印刷输出的分色处理。在印刷业中，标准的彩色图像模式就是CMYK模式。

5.2　常用颜色模式之间的转换

为了在不同的场合正确输出图像，有时需要把图像从一种模式转换为另一种模式。在Photoshop中，通过执行"图像>模式"菜单命令，选择打开的级联菜单命令，可以转换需要的颜色模式，即快速对颜色模式进行转换。本节将分别进行介绍。

关键词　灰度模式、位图模式
难　度　◆◆◇◇◇

原始文件:素材\5\01.jpg、02.jpg
最终文件:源文件\5\将彩色图像转换为灰度模式.jpg、转换为位图模式.psd

5.2.1　将彩色图像转换为灰度模式

将彩色图像转换为灰度模式时，Photoshop会扔掉原图中多余的颜色信息，而只保留像素的灰度级。灰度模式可作为位图模式和彩色模式间相互转换的中介模式。下面介绍具体的操作步骤。

01 打开素材
执行"文件>打开"菜单命令，打开"随书光盘\素材\5\01.jpg"素材文件。

02 执行菜单命令
执行"图像>模式>灰度"菜单命令，打开"信息"对话框。

灰度效果

03 选择扔掉颜色信息
在打开的"信息"对话框中，询问是否要扔掉颜色信息，单击"扔掉"按钮，关闭对话框，将原有的颜色信息扔掉。

04 查看灰度图像
在图像窗口中可看到图像更改为灰度模式后的效果，图像去掉了颜色信息，以黑、白、灰色显示。

5.2.2 转换为位图模式

将图像转换为位图模式，会使图像颜色减少到两种，这样就大大简化了图像中的颜色信息，并减小了文件大小。要将图像转换为位图模式，必须先将其转换为灰度模式，这样会去掉像素的色相和饱和度，只保留亮度值。下面介绍具体的操作步骤。

01 打开素材
　　执行"文件>打开"菜单命令，打开"随书光盘\素材\5\02.jpg"素材文件。

02 转换为灰度模式
　　执行"图像>模式>灰度"菜单命令，将图像转换为灰度模式，可看到图像去除了颜色信息后的黑白效果，如上图所示。

03 执行菜单命令
　　对灰度模式的图像执行"图像>模式>位图"菜单命令，打开"位图"对话框。

04 设置方法选项
　　在打开的"位图"对话框中，单击"使用"后的下三角按钮，在其下拉列表中选择"半调网屏"形式创建位图，然后单击"确定"按钮。

新手提升：转换为位图模式时的要点

　　在Photoshop中，只有灰度和双色调模式下的图像才可以转换为位图模式。在灰度模式下编辑过的位图模式图像转换为位图模式后，看起来可能与原来不一样，它可能会将原来的黑色以灰色的方式显示，而灰度值高于128时则会渲染为白色。

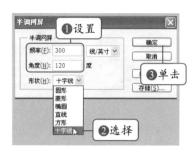

05 设置半调网屏选项

打开"半调网屏"对话框，设置"频率"为300线/英寸，"角度"为120度，在"形状"下拉列表中选择"十字线"选项，然后单击"确定"按钮。

06 查看位图模式效果

回到图像窗口中可以查看到转换为位图模式后的图像效果，图像以黑白色显示，并添加了十字线形状的网屏效果。

5.3　自动调整命令的应用

在"图像"菜单中有3个自动调整图像色彩的命令，包括"自动色调"、"自动对比度"和"自动颜色"命令。通过利用这3个命令，可以让Photoshop自动根据图像的色调、对比度等进行调整，自然地校正图像的明暗、色彩。

关键词　自动色调、自动对比度、自动颜色

难　度　◆◆◇◇◇

原始文件：素材\5\03.jpg、04.jpg、05.jpg

最终文件：源文件\5\"自动色调"命令.psd、"自动对比度"命令.psd、"自动颜色"命令.psd

5.3.1　"自动色调"命令

"自动色调"命令会根据图像的色调自动对图像的明度、纯度和色相进行调整，统一图像色调，让整体色调均匀化。对图像执行"图像>自动色调"菜单命令，或按快捷键Shift+Ctrl+L，即可自动对选中图层或选区内的图像进行色调的调整，具体操作如下。

01 打开图像并复制图层

打开"随书光盘\素材\5\03.jpg"素材文件，在"图层"面板中将"背景"图层向下拖曳到"创建新图层"按钮 □ 上，得到副本图层。

02 自动调整色调

执行"图像>自动色调"菜单命令，或按快捷键Shift+Ctrl+L，则自动调整图像色调。

5.3.2 "自动对比度"命令

利用"自动对比度"命令，可调整图像的明暗对比度，使高光区域显得更亮，阴影区域显得更暗，以增强图像的对比效果，适用于调整色调较灰、明暗对比不强的图像。下面介绍"自动对比度"命令的具体操作步骤。

01 打开素材并复制图层

打开"随书光盘\素材\5\04.jpg"素材文件，在"图层"面板中复制"背景"图层，得到"背景 副本"图层。

02 自动调整对比度

对复制的图层执行"图像>自动对比度"菜单命令，或按快捷键Alt+Shift+Ctrl+L，自动调整图像的对比度，去掉灰蒙蒙的效果。

5.3.3　"自动颜色"命令

使用"自动颜色"命令可使图像不受环境色的影响，还原图像的真实色彩，常用于处理偏色的图像，可去掉图像偏向的某种颜色，恢复到自然的色彩中。下面介绍"自动颜色"命令在图像中的具体操作步骤。

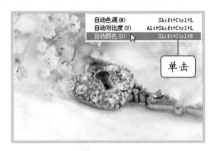

01 打开素材并复制图层
打开"随书光盘\素材\5\05.jpg"素材文件，在"图层"面板中复制"背景"图层，得到"背景 副本"图层。

02 查看自动校正颜色的效果
对复制的图层执行"图像＞自动颜色"菜单命令，或按快捷键Shift+Ctrl+B，即可自动校正图像颜色，去掉偏红的效果。

5.4　色彩的调整

对图像色彩进行调整，可以更改图像的色相、色调等信息，实现图像色彩间的变换。在对数码照片的处理中，Photoshop的图像色彩应用可以为照片设置神奇的颜色变换，这些调整命令包括"色彩平衡"、"色相/饱和度"、"照片滤镜"、"通道混和器"和"可选颜色"，本节中将进行详细介绍。

关键词　色彩平衡、色相/饱和度、照片滤镜、可选颜色、通道混和器
难　度　◆◆◆◇◇

原始文件：素材\5\06.jpg、07.jpg、08.jpg、09.jpg、10.jpg
最终文件：源文件\5\调整"色彩平衡".psd、调整"色相/饱和度".psd、"照片滤镜"命令.psd、"通道混和器"命令.psd、"可选颜色"命令.psd

5.4.1　调整"色彩平衡"

　　"色彩平衡"命令的主要作用在于调整图像整体色调，通过执行"图像>调整>色彩平衡"菜单命令，打开"色彩平衡"对话框，可以对色调进行调整。下面介绍具体的操作步骤。

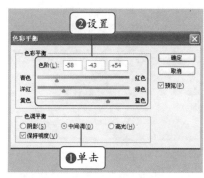

01 打开素材并复制图层
　　打开"随书光盘\素材\5\06.jpg"素材文件，在"图层"面板中复制"背景"图层，得到副本图层。

02 设置中间调色彩平衡
　　执行"图像>调整>色彩平衡"菜单命令，在打开的"色彩平衡"对话框中单击选中"中间调"单选按钮，然后拖曳滑块设置色阶值。

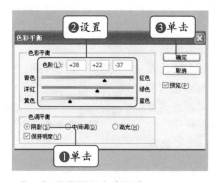

03 设置阴影色彩平衡
　　在对话框中单击选中"阴影"单选按钮，然后拖曳滑块对色阶进行设置，设置完成后，单击"确定"按钮。

04 查看图像效果
　　设置完成后，在图像窗口中可查看添加"色彩平衡"调整图层后的图像效果。

5.4.2　调整"色相/饱和度"

　　"色相/饱和度"命令常用于调整图像的饱和度。通过执行"图像>调整>色相/饱和度"菜单命令打开"色相/饱和度"对话框，可以为图像设置色相和饱和度。下面介绍具体的操作步骤。

01 打开素材并复制图层
　　打开"随书光盘\素材\5\07.jpg"素材文件，在"图层"面板中为"背景"图层创建一个副本图层。

02 设置色相/饱和度
　　执行"图像>调整>色相/饱和度"菜单命令，在打开的"色相/饱和度"对话框中拖曳滑块设置"色相"为-12、"饱和度"为+35。

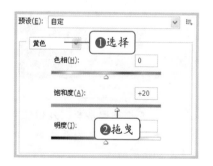

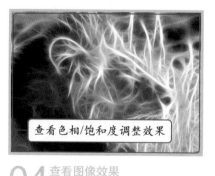

03 设置"黄色"饱和度
　　在对话框中选择颜色为"黄色"，拖曳"饱和度"选项滑块到+20，然后确认设置。

04 查看图像效果
　　完成"色相/饱和度"设置后，在图像窗口中可看到图像更改颜色和饱和度后的效果。

5.4.3 "照片滤镜"命令

　　"照片滤镜"命令的主要作用是修正由于扫描、胶片冲洗等造成的一些色彩偏差，还原照片的真实色彩。通过"照片滤镜"命令，可以对图像整体色调进行变换。下面介绍具体的操作步骤。

01 打开素材
　　执行"文件>打开"菜单命令，打开"随书光盘\素材\5\08.jpg"素材文件。

02 创建调整图层
　　打开"调整"面板，单击"创建新的照片滤镜调整图层"按钮，新建"照片滤镜"调整图层。

03 设置照片滤镜选项
　　在打开的"照片滤镜"选项中，选择"滤镜"为"冷却滤镜（LBB）"，并设置"浓度"为45%。

04 查看更改色调后的效果
　　设置调整图层后，在图像窗口中可看到图像更改为蓝色调后的效果，如上图所示。

新手提升：自定义滤镜颜色

　　在"照片滤镜"设置选项中，可利用"滤镜"选项下拉列表选择预设的多种滤镜颜色；也可以直接在"颜色"选项后单击颜色块打开拾色器，选择任意的颜色作为滤镜颜色。

5.4.4 "通道混和器"命令

通道混合是用一个通道替换另一个通道，并且能够控制替换的程度，通过对通道设置颜色加减的操作，从而达到更改色彩的目的。能够使用"通道混和器"调整的图像模式只有RGB和CMYK模式，当图像色彩为Lab模式或其他模式时，不能使用通道混和器调整色彩。下面介绍具体的操作步骤。

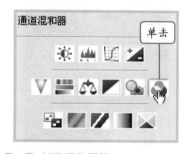

01 打开素材

执行"文件>打开"菜单命令，打开"随书光盘\素材\5\09.jpg"素材文件。

02 创建调整图层

打开"调整"面板，单击"创建新的通道混和器调整图层"按钮，新建"通道混和器"调整图层。

03 设置通道混和器选项

打开"通道混和器"对话框，设置"输出通道"为"红"，分别设置"红色"为-58%、"绿色"为+114%、"蓝色"为+32%，然后确认设置。

04 更改风景季节效果

设置"通道混和器1"调整图层的图层混合模式为"点光"，图层混合后更改了风景照片的季节，让秋景转换为春景。

表示占位

5.4.5 "可选颜色"命令

利用"可选颜色"命令可以更改图像中每个主要原色成分的颜色浓度，可以有选择性地修改某一种特定的颜色，而不影响其他主要的色彩浓度。下面介绍利用"可选颜色"命令更改图像颜色的具体操作步骤。

01 打开素材并复制图层
打开"随书光盘\素材\5\10.jpg"素材文件，在"图层"面板中复制"背景"图层，得到副本图层。

02 设置可选颜色
执行"图像>调整>可选颜色"菜单命令，在打开的对话框中设置各原色浓度为+100%、-100%、0%、+100%。

03 设置中性色
在"颜色"下拉列表中选择"中性色"选项，然后设置各原色浓度为+20%、+7%、0%、-32%。

04 查看可选颜色效果
设置"可选颜色"选项后，在图像窗口中可看到红色的图像更改为青色后的效果。

5.5　明暗的调整

在图像调整中，图像的色调若出现明暗问题，可直接应用"色阶"、"曲线"、"曝光度"、"HDR色调"等命令对图像的明暗进行调整。本节将对调整图像的明暗命令进行详细介绍。

关键词　色阶、曲线、曝光度、HDR
难　度　◆◆◆◆◆

原始文件：素材\5\11.jpg、12.jpg、13.jpg、14.jpg
最终文件：源文件\5\调整"色阶".psd、调整"曲线".psd、调整"曝光度".psd、HDR色调.psd

5.5.1　调整"色阶"

"色阶"是一种直观地调整图像明暗的命令。利用"色阶"命令，能够调整图像的阴影、中间调和高光的强度级别，从而校正图像的色调范围和色彩平衡。"色阶"命令主要用于调整曝光不足的照片，使图像变得更明亮。下面介绍具体操作步骤。

01 打开素材
执行"文件>打开"菜单命令，打开"随书光盘\素材\5\11.jpg"素材文件。

02 创建"色阶"调整图层
单击"图层"面板中的"创建新的填充或调整图层"按钮 ◑，在弹出的快捷菜单中选择"色阶"命令，创建"色阶"调整图层。

新手提升：创建调整图层的多种方法

调整图层可以通过"调整"面板进行快速创建；也可以通过在"图层"面板中单击"创建新的填充或调整图层"按钮，利用打开的快捷菜单选择创建；还可以通过执行"图层>新建调整图层"菜单命令，在打开的级联菜单中进行选择创建。

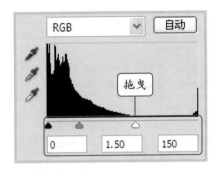

03 设置色阶选项
在打开的"色阶"选项中，
拖曳滑块，调整色阶的数值分别为
0、1.50、150。

04 提亮图像效果
完成"色阶"调整图层的编
辑后，在图像窗口中可看到图像提
高了亮度，人物变得明亮。

5.5.2 调整"曲线"

　　"曲线"命令是功能强大的图像校正命令，利用该命令可以在图像
的整个色调范围内调整不同的色调，还可以对图像中的个别颜色通道进
行精确的调整。下面介绍具体的操作步骤。

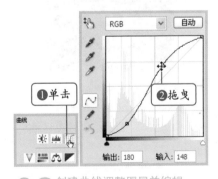

01 打开素材
执行"文件>打开"菜单命
令，打开"随书光盘\素材\5\12.jpg"
素材文件。

02 创建曲线调整图层并编辑
在"调整"面板中单击"创
建新的曲线调整图层"按钮，在打开
的"曲线"选项中单击曲线并拖曳，
调整曲线形态。

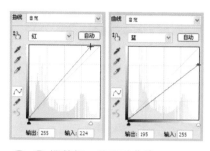

色阶效果

03 调整红、蓝通道曲线
在"曲线"选项中分别选择"红"和"蓝"通道，并进行曲线的调整。

04 查看调整曲线后的效果
完成"曲线"调整图层的编辑后，在图像窗口中可看到图像提高了明暗对比，并更改了色调。

5.5.3 调整"曝光度"

曝光不正确的图像会存在过亮或过暗的问题，可严重影响画面的表现力。利用"曝光度"命令，可以调整图层的曝光度，增强或降低曝光量，让画面中的图像恢复正常曝光下的效果。下面介绍利用"曝光度"命令提高图像亮度的具体操作步骤。

复制

01 打开素材并复制图层
打开"随书光盘\素材\5\13.jpg"素材文件，在"图层"面板中复制一个"背景"图层，得到"背景副本"图层。

02 设置曝光度
执行"图像>调整>曝光度"菜单命令，打开"曝光度"对话框，拖曳调整各选项下的滑块依次到+1.2、−0.02、1.25，然后单击"确定"按钮。

曝光度效果

03 查看效果
设置"曝光度"选项后，在图像窗口中可看到图像提高了曝光度，偏暗的图像变得明亮。

5.5.4　HDR色调

　　HDR色调是Photoshop CS5中的一个新增功能，可以用来修补太亮或太暗的图像，制作出高动态范围的图像效果。执行"图像>调整>HDR色调"菜单命令，在打开的对话框中可以选择预设的HDR色调效果，也可以自定义HDR色调效果。下面介绍具体的操作步骤。

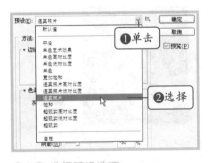

01 打开素材并执行菜单命令
打开"随书光盘\素材\5\14.jpg"素材文件，执行"图像>调整>HDR色调"菜单命令。

02 选择预设选项
在打开的"HDR色调"对话框中单击"预设"选项后的下三角按钮，在打开的下拉列表中选择"逼真照片"选项。

HDR色调效果

03 更改选项参数
在对话框下方的选项中更改"灰度系数"为1.89、"细节"为+100%，然后确认设置。

04 查看HDR色调效果
设置HDR色调后，在图像窗口中可看到图像被调整为高动态范围的效果。

新手常见问题

9. 如何利用直方图分析图像的曝光情况？

直方图是通过波形参数来描述照片曝光精度的工具，通过直方图的横轴和纵轴，可以清楚地判断拍摄照片或正在取景照片的曝光情况。在Photoshop中执行"窗口>直方图"菜单命令，可以将"直方图"面板打开，利用直方图可以看出照片的曝光有何问题。曝光不足的照片直方图曲线波形偏重于左侧，多数的像素集中在左侧，波形图右侧的像素很少，如下左图所示；曝光过度的照片直方图曲线波形偏重于右侧，而左侧的像素很少，甚至是没有，照片的色调很亮，有大面积的反光源，如下右图所示。

10．怎样快速创建"调整"图层?

在Photoshop中创建调整图层的方法有多种,一种简单的方法是:利用"调整"面板快速创建"调整"图层。执行"窗口>调整"菜单命令,打开"调整"面板,在面板中单击各调整图层按钮,即可快速创建调整图层。如下左图所示,在"调整"面板中单击"创建新的色阶调整图层"按钮,即可快速创建"色阶"调整图层,并可在"图层"面板中看到创建的"色阶1"调整图层,如下右图所示。

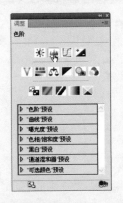 

11．利用调整图层与直接执行"调整"命令调整图像有何区别?

在Photoshop中,可以利用"调整"命令和调整图层来对图像的色调、明暗进行调整。"调整"命令直接作用于当前选中图层中的图像上,会更改该图层图像的像素,执行"调整"命令后不能再回到原有图像效果;调整图层则是在图层上添加的一个遮罩,在不改变图层图像像素的情况下,添加了一个颜色图层更改图像,并可以重复对调整图层进行编辑,具有可编辑性。

第6章

创造性与开拓——
路径和文字的创建与编辑

形状工具在Photoshop中是一个相当重要的工具，能够熟练运用形状工具就能够绘制出丰富多彩的图形。文字工具起着画龙点睛的作用，在制作完成的图像中添加上合适的文字，可以对整个图像效果起到重要作用。通过路径和文字的创建与编辑，可以有效为图形的编辑进行增效。

本章将从路径的绘制和文字工具的基础操作开始介绍，帮助用户了解路径和文字工具的应用，掌握文字图层的编辑以及路径和文字之间的应用与转换。

6.1 图形的绘制

Photoshop提供了多种用于绘制图形的工具，在绘制规则图形时，可以使用工具箱中的"钢笔工具"、"矩形工具"和"多边形工具"来实现，还可以利用"自定形状工具"选择图案进行绘制。本节中将对这几种工具的应用进行详细介绍。

关键词　路径、钢笔工具、矩形工具、多边形工具、自定形状工具
难　度　◆◆◆◇◇

原始文件：素材\6\01.jpg、02.jpg、03.jpg、04.jpg
最终文件：源文件\6\钢笔工具.psd、矩形和椭圆工具.psd、多边形工具.psd、自定形状工具.psd

6.1.1 钢笔工具

"钢笔工具" 可以创建直线和平滑流畅的曲线。形状的轮廓称为路径，通过编辑路径的锚点，可以很方便地改变路径的形状。在工具选项栏中，还可以选择"形状工具"、"路径"、"填充像素"3种不同的模式进行绘制。下面介绍钢笔工具的具体应用。

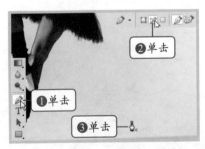

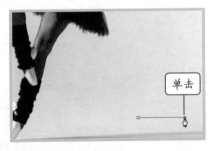

01 打开素材并选择工具
打开"随书光盘\素材\6\01.jpg"素材文件，单击工具箱中的"钢笔工具"按钮 ，然后单击属性栏中的"路径"按钮 ，并在页面中单击设置路径的起始点。

02 绘制直线路径
在页面中的任意位置单击，单击位置的锚点与步骤01所绘起始点位置的锚点相连接，即可创建一条连接起点和终点的直线路径。

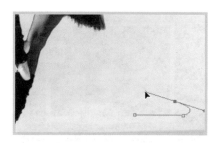

路径效果

03 绘制曲线路径

在步骤02添加的锚点上单击并按住鼠标左键向右侧进行拖曳，可以将控制句柄拖曳出来，设置曲线路径。

04 绘制闭合路径

使用"钢笔工具"继续在图像中单击并拖曳，绘制出闭合的弯曲路径，如上图所示。

查看路径效果

❷填色

❶新建

05 绘制路径效果

利用"钢笔工具"在人物边缘绘制弯曲形态的闭合路径，绘制的路径效果如上图所示。

06 填充路径

新建"图层1"后，按快捷键Ctrl+Enter将路径载入为选区，为选区填充白色。取消选区后，可看到为人物添加了白色飘带效果。

6.1.2 矩形和椭圆工具

"矩形工具" ▣主要用于绘制矩形或正方形图形，可以通过设置绘制固定高度和宽度的矩形形状。"椭圆工具" ◯的使用方法与"矩形工具"相同，可以绘制出椭圆和正圆图形，也可以根据其选项栏中设置的样式对形状进行填充。下面分别对"矩形工具"和"椭圆工具"进行介绍。

01 打开素材并绘制形状

打开"随书光盘\素材\6\02.jpg"素材文件，选择"矩形工具" ■ ，在页面中拖曳绘制一个矩形形状图层。

02 从形状区域减去

在工具选项栏中单击"从形状区域减去"按钮 ，绘制一个较小的矩形，将两矩形的相交区域减去。

03 绘制椭圆形

设置前景色为红色"R：213、G：34、B：74"，选择"椭圆工具" ● ，绘制一个红色的圆形形状。

04 继续添加圆形

更改前景色为橙色"R：248、G：154、B：41"，并使用"椭圆工具"在红色圆形上绘制橙色圆形。

05 绘制多个圆形效果

使用"椭圆工具"在图像中继续更改前景色，绘制不同颜色的圆形，制作出色彩变幻的圆环，如上图所示。

06 编组形状图层

在"图层"面板中，将所有的圆形形状图层选中，按快捷键Ctrl+G将选中的图层编组为"组1"。

07 设置图层混合模式

选中"组1",设置其图层混合模式为"色相",图层混合后将画面中的圆环混合为渐变颜色。

08 查看完成效果

使用"椭圆工具"绘制多个大小不等的正圆,为圆形设置"径向模糊"滤镜,在页面中可以看到图像添加了径向模糊的发光点后的效果。

6.1.3　多边形工具

"多边形工具" ⬡用于绘制多边形图案或路径,可以对边数的数值进行设置。其使用方法与椭圆工具基本相似,在工具箱中选择"多边形工具",然后在图像窗口中单击,即可绘制多边形。下面介绍使用"多边形工具"的具体操作步骤。

01 打开素材并选择工具

打开"随书光盘\素材\6\03.jpg"素材文件,选择工具箱中的"矩形工具"组下的隐藏工具"多边形工具" ⬡。

02 设置工具选项

在工具选项栏中单击下三角按钮,打开"多边形选项"面板,设置固定多边形的"半径"和"缩进边依据",勾选"平滑拐角"和"星形"复选框,并设置多边形的"边"为6。

03 新建图层绘制多边形

在工具选项栏中单击"填充像素"按钮，设置前景色为白色。新建"图层1"，使用"多边形工具"在画面中单击，绘制出白色的多边形。

04 查看绘制多边形效果

更改选项栏中"半径"的值，并更改不同的前景色，在画面中绘制多个多边形，在页面中即可看到添加多边形后的图像效果。

6.1.4　自定形状工具

"自定形状工具" 用于绘制各种不规则形状，用户可以自己创建各式各样复杂的图形形状，还可以在该工具选项栏中的自定形状拾色器中选择为用户提供的多种形状。下面介绍使用"自定形状工具"的具体操作步骤。

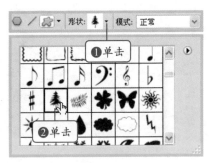

01 打开素材并选择工具

打开"随书光盘\素材\6\04.jpg"素材文件，在工具箱中选择"矩形工具"组中的隐藏工具"自定形状工具"。

02 选择形状

在工具选项栏中单击形状后的下三角按钮，在打开的"自定形状"拾色器中选择其中的一个形状，如上图所示。

03 新建图层并绘制形状

设置前景色为黑色后，新建"图层1"，使用"自定形状工具"在图像中单击并拖曳，绘制出黑色的树影效果，如上图所示。

04 绘制其他形状效果

使用"自定形状工具"在图像中继续绘制多个较小的树木剪影图形，并绘制其他的形状，丰富画面效果，如上图所示。

新手提升：追加形状

在打开的"自定形状"拾色器中单击右上角的扩展按钮，在打开的菜单中可以选择Photoshop中预设的各种自定形状，将其追加到拾色器中后才可选择使用。

6.2 "路径"面板的应用

"路径"面板中显示了存储的每条路径、当前工作路径和当前矢量蒙版的名称和缩览图，利用"路径"面板中的按钮，可以对路径进行编辑操作。另外，也可以利用路径选择工具、直接选择工具、添加锚点工具、删除锚点工具、转换点工具等编辑路径。

关键词 "路径"面板、工作路径、描边路径、存储路径
难　度　◆◆◆◇◇

原始文件:素材\6\
05.jpg、06.jpg
最终文件:源文件\6\创建
工作路径.psd、描边路
径.psd、路径的存储.psd

6.2.1 创建工作路径

执行"窗口>路径"菜单命令，即可打开"路径"面板，在文件中使用路径工具绘制路径后，就可默认创建为"工作路径"，将绘制的路径保存在了"路径"面板中。

01 打开素材并绘制路径

打开"随书光盘\素材\6\05.jpg"素材文件，使用"钢笔工具" 在打开的图像中绘制两条弯曲的路径，路径形态如上图所示。

02 查看工作路径

打开"路径"面板，可看到面板中将绘制的路径默认存储为"工作路径"，然后单击下方的"将路径载入为选区"按钮 。

03 羽化选区

在图像窗口中可看到路径被载入为选区的效果，然后按快捷键Shift+F6打开"羽化选区"对话框，设置"羽化半径"为2像素，确认设置后羽化选区。

04 设置图层混合模式

新建"图层1"，为选区填充白色，然后在"图层"面板中设置该图层的图层混合模式为"叠加"。图层混合后，可看到图像中添加了几条光线效果，如上图所示。

6.2.2   描边路径

绘制路径后，在"路径"面板中不仅可以填充路径，还可以利用"描边路径"功能描绘路径边缘。在"路径"面板中的路径上右击，在弹出的快捷菜单中选择"描边路径"命令，打开"描边路径"对话框，即可选择描边的工具。下面介绍描边路径的具体操作步骤。

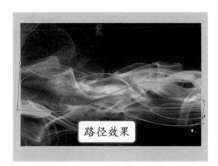

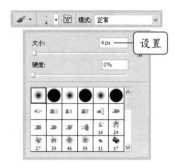

01 打开素材并绘制路径

打开"随书光盘\素材\6\06.jpg"素材文件,选择"钢笔工具"，在打开的图像中绘制一条弯曲的路径,路径形态如上图所示。

02 设置工具选项

选择"画笔工具",在其选项栏中单击下三角按钮,打开"画笔预设"拾取器,设置"大小"为4px的柔角画笔,然后设置前景色为白色。

03 选择描边路径命令

新建空白图层"图层1",在"路径"面板中的"工作路径"上右击,在打开的快捷菜单中选择"描边路径"命令。

04 设置描边路径

打开"描边路径"对话框,在"工具"选项下拉列表中选择"画笔",然后单击"确定"按钮。在图像窗口中可看到路径被描边后的效果,制作出了白色的线条,如上图所示。

新手提升：描边路径的多种方法

在对路径进行描边时,可以在选择路径后,在"路径"面板下方单击"用画笔描边路径"按钮，就会以当前设置的画笔形态为路径进行描边;也可以单击面板右上角的扩展按钮,在打开的菜单中选择"描边路径"命令,进行路径的描边设置。

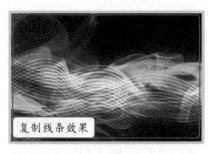

05 设置图层混合模式

在"图层"面板中设置"图层1"的图层混合模式为"叠加",图层混合后可看到线条增强了光泽感。

06 复制线条效果

使用"移动工具"在线条上单击并按住Alt键向下拖曳,复制线条,并重复复制操作,在图像中添加多条具有光泽感的线条。

6.2.3　路径的存储

在"路径"面板中可以对路径进行填充、描边、创建选区等操作。利用路径工具创建路径后,还可以将绘制的路径进行存储,保存到"路径"面板中。单击面板右上角的扩展按钮 ，在弹出的面板菜单中选择"存储路径"命令,打开"存储路径"对话框,即可对路径进行存储。

01 选择"存储路径"命令

绘制路径后,在"路径"面板中单击右上角的扩展按钮 ，在打开的菜单中选择"存储路径"命令,如上图所示。

02 设置存储路径名称

在打开的"存储路径"对话框中利用"名称"选项设置路径的名称,确认设置后就会将该路径存储到"路径"面板中。

6.3 文字的基本操作

在平面设计作品中，文字是不可缺少的元素，高水平的文字排版能够实现锦上添花、美化作品的效果，通常情况下会对文字进行艺术化处理，以及对文字进行变形等。本节将着重介绍Photoshop中文字的基本操作。

关键词 横排文字、直排文字、段落文字
难 度 ◆◆◇◇◇

原始文件:素材\6\07.jpg、08.jpg、09.jpg
最终文件:源文件\6\创建文字.psd、设置文字基本属性.psd、设置段落文本.psd

6.3.1 创建文字

利用文字工具，可以在图像中添加文字。在Photoshop中创建文字与在一般应用程序中创建文字的方法一致，可以直接在工具箱中单击文字工具，也可以按T键选择。下面介绍使用文字工具创建文字的具体操作步骤。

01 打开素材并选择工具
打开"随书光盘\素材\6\07.jpg"素材文件，单击工具箱中的"横排文字工具"按钮T，然后在页面中单击，设置文字的起始位置。

02 输入文字
确定文字的起始位置后，输入需要的文字，可看到创建文字后的效果。

新手提升：快速退出文字编辑

使用文字工具输入文本后，可以在工具箱中单击除文字工具外的任意工具，退出文本编辑状态。

6.3.2　设置文字基本属性

　　在Photoshop中创建文字后，可以通过文字工具选项栏对字体进行设置，也可以在"字符"面板中对文字的基本属性进行设置。下面具体介绍如何设置文字的基本属性。

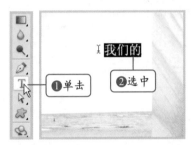

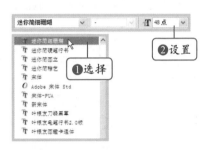

01 打开素材并输入文字

　　打开"随书光盘\素材\6\08.jpg"素材文件，单击工具箱中的"横排文字工具"按钮 T ，然后在页面中单击并输入文字，并在文字上拖曳选中文字。

02 设置文字属性

　　在工具选项栏中，单击字体选项的下三角按钮，在弹出的下拉列表中选择合适的字体，然后设置字体大小为"48点"。

03 输入直排文字

　　单击工具箱中的"直排文字工具"按钮 T ，在页面中创建文字，并设置与步骤02中相同的文字属性。

04 单击颜色块

　　选中横排文字"我们的"，单击选项栏中的"设置文本颜色"颜色块，打开"选择文本颜色"拾色器。

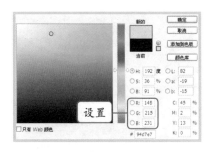

05 设置文本颜色
在打开的"选择文本颜色"对话框中设置文字颜色为"R: 148、G: 215、B: 231",然后确认设置。

06 查看更改文字颜色的效果
选中直排文字,用相同的方法为直排文字设置合适的颜色,并查看设置基本属性后的文字效果。

6.3.3 设置段落文本

利用文字工具在图像中创建段落文字后,使用"段落"面板可以对输入的段落文字进行排版编辑。在文字工具选项栏中也可以对输入的段落文字进行对齐、首行缩进、行间距等属性的设置,下面介绍如何设置段落格式。

01 打开素材并绘制文本框
打开"随书光盘\素材\6\09.jpg"素材文件,在工具箱中选择"横排文字工具" T,然后在图像右侧单击并拖曳,绘制出一个矩形的文本框。

02 输入段落文字
在绘制的文本框内输入段落文字,可按Enter键换行,输入段落文字效果如上图所示。

段落文字效果

03 单击对齐文本按钮

执行"窗口>段落"菜单命令，打开"段落"面板，在面板中单击"右对齐文本"按钮 ▤。

04 查看右对齐文本效果

在面板中设置对齐方式后，可以看到右对齐的段落文本效果，如上图所示。

6.4　文字的进一步编辑

在Photoshop中创建文字后，还可以对文字进行进一步的编辑，让文字效果更加丰富。利用变形文字功能，可以制作出丰富多彩的文字变形效果，使文字的效果更加动感。对创建的文字图层，还可以双击图层的缩览图将添加的文本图层上的文字全部选中。对文本进行编辑，包括创建路径文字、将文字转换为形状等。

关键词　变形文字、路径文字、转换为形状、添加样式
难　度　◆◆◆◆◇

原始文件：素材\6\10.jpg、11.jpg、12.jpg、13.jpg
最终文件：源文件\6\变形文字.psd、创建路径文字.psd、将文字转换为形状.psd、应用"样式"面板为文字添加样式.psd

6.4.1　变形文字

在图像窗口中输入文字后，单击选项栏中的"创建变形文字"按钮 ☒，会打开"变形文字"对话框，在对话框中可为文字选择不同的变形样式，并对样式选项参数进行设置，调整样式的程度，设置后即可对文字进行变形处理。下面介绍文字变形的具体操作步骤。

01 打开素材并输入文字

打开"随书光盘\素材\6\10.jpg"素材文件，在工具箱中选择"横排文字工具" T ，在选项栏中设置字体属性后，输入一行文字，如上图所示。

02 选择变形样式

单击选项栏中的"创建变形文字"按钮 工 ，打开"变形文字"对话框，在"样式"下拉列表中选择"花冠"样式，如上图所示。

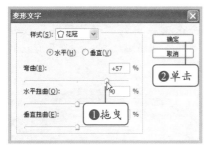

03 设置选项参数

调整变形的"弯曲"度为+57%，设置完成后单击"确定"按钮。

04 查看文字变形效果

经过以上操作后，即可在页面中为文字图层添加花冠形状的文字变形，如上图所示。

新手提升：快速改变对话框中的数值

要快速改变对话框中的数值，首先单击那个数字，让光标处在对话框中，然后就可以用上、下方向键来改变数值了；还可以拖曳鼠标，将数字选中，以蓝色为底框颜色，然后使用鼠标的滑动轮来调整对话框中的参数值。

6.4.2　创建路径文字

　　使用"钢笔工具"或形状工具创建合适的路径后，可以结合工具箱中的文字工具为绘制的路径添加文字，创建跟随路径进行移动的流动文字效果，还可以为路径文字填充颜色、添加合适的样式以及设置不透明度等。下面介绍设置文字路径的具体操作步骤。

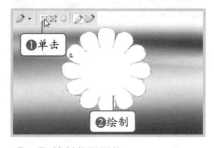

01 打开素材

　　执行"文件>打开"菜单命令，打开"随书光盘\素材\6\11.jpg"素材文件，然后设置前景色为白色。

02 绘制花形形状

　　选择"钢笔工具" ，单击选项栏中的"形状图层"按钮 ，在页面中绘制一个花朵形状的图形。

03 单击转换文字路径

　　在工具箱中选择"横排文字工具" ，将鼠标指针移动到绘制的形状路径边缘单击，将路径转换为文字路径，并出现文字输入光标。

04 在路径上添加文字

　　设置文字大小为10，颜色为白色，在页面中添加合适的路径文字，文字的位置沿着创建的形状图形移动。

6.4.3 将文字转换为形状

利用文字工具创建文字后，利用"转换为形状"命令可以将文字转换为形状图层。利用"路径选择工具" ▶ 和"直接选择工具" ▶ 在形状图层上对路径进行编辑，可以更改路径形状，从而更改文字形态，制作出更具艺术效果的文字。下面介绍将文字转换为形状的具体操作步骤。

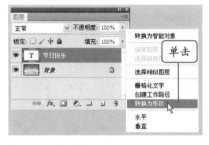

01 打开素材并输入文字

打开"随书光盘\素材\6\12.jpg"素材文件，选择"横排文字工具" T 后在工具选项栏中设置文字属性，然后在图像中输入白色的文字。

02 选择命令

在"图层"面板中的文字图层上右击，在打开的快捷菜单中选择"转换为形状"命令，将文字图层转换为形状图层。

03 编辑文字形状

将文字转换为形状后，使用"路径选择工具" ▶ 选择单个文字路径进行拖曳移动位置，然后使用"直接选择工具" ▶ 在路径锚点上单击并拖曳，更改文字路径形态。

04 查看完成的效果

使用"横排文字工具"在编辑后的形状文字下方输入一行英文，并更改文字字体和大小，添加文字效果。

6.4.4　应用"样式"面板为文字添加样式

　　创建文字后，在文字图层上可以为其添加不同类型的样式，将文字设置得更生动且富有层次。用户可以使用"样式"面板为文字图层添加预设的样式，下面介绍具体的操作步骤。

01 打开素材并输入文字
　　打开"随书光盘\素材\6\13.jpg"素材文件，选择"横排文字工具"[T]后，在工具选项栏中设置文字属性，然后在画面中输入白色的文字。

02 选择样式
　　执行"窗口>样式"菜单命令，打开"样式"面板，单击选择其中一个样式，如上图所示。

03 查看样式效果
　　在"图层"面板中可查看到为文字图层添加的样式，如上图所示。

04 为文字添加样式效果
　　添加样式后在图像窗口中可看到文字被设置成半透明的浮雕效果，如上图所示。

新手常见问题

12. 在图像中创建路径后，怎样将其隐藏？

在图像中创建路径后，会显示路径形态，并可在"路径"面板中看到该路径为选中状态，如下左图所示。若编辑后不再需要显示路径，可以在"路径"面板中单击下方的空白区域，取消对路径的选择，在图像中隐藏路径，如下右图所示。

13. 如何将输入的文字转换为路径？

输入文字后，可以将文字转换为路径，通过将文字图层中的文字形状保存为路径形式，能够对文字的外形进行变换。在文字图层上右击，在打开的快捷菜单中选择"创建工作路径"命令，就可将文字转换为路径，如下图所示。

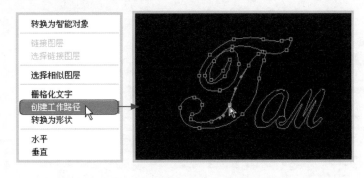

第7章

不可不知的关键
——图层的应用

图层是Photoshop中的一个核心功能，对编辑图像起着重要的作用。图层相当于一层透明纸，每张透明纸上都有单独的图像，层叠在一起后构成一幅完整的图像。图像可以由一个或多个图层组成，可以根据需要将几个图层链接或合并成一个图层，也可以增加或删除图像中的任何一个图层。

本章的重点就是讲解如何熟练地运用图层制作出一些图像效果，熟练掌握图层的操作，在图像处理时将会大大提高工作效率。

要点导航
- 图层的操作
- "样式"面板
- 图层样式
- 图层混合模式
- 图层不透明度
- 调整图层

7.1 图层的操作

图层是图像的重要组成部分，几乎所有图像在编辑过程中都要用到图层，所以在编辑和绘制图像之前，首先要了解图层的基本操作。图层的基本操作包括创建图层、移动图层、复制图层、删除图层、合并图层、链接图层以及对齐与分布图层等。下面分别进行介绍。

本章的重点就是讲解如何熟练地运用图层制作出一些图像效果，帮助读者熟练掌握图层的操作。

关键词 创建图层、复制与删除、链接与合并、对齐与分布
难 度 ◆◆◇◇◇

原始文件:素材\7\01.psd、02.psd、03.psd
最终文件:源文件\7\移动图层.psd、复制、删除图层.psd、链接与合并图层.psd、图层的对齐与分布.psd

7.1.1 创建图层

在编辑一幅比较复杂的图像时，需要多个图层来完成操作，这就需要应用图层的创建功能。图层的创建方式有3种，可以通过"图层"菜单进行创建，也可以通过在"图层"面板中单击"创建新图层"按钮进行创建，还可以选择面板的菜单命令创建图层。下面对这3种方式分别进行介绍。

01 应用"图层"菜单命令创建图层

新建一个空白文件后，执行"图层>新建>图层"菜单命令，打开"新建图层"对话框，通过对话框的设置来新建图层。

02 从"图层"面板中创建图层

执行"窗口>图层"菜单命令，打开"图层"面板，在面板下方单击"创建新图层"按钮 ，即可在"背景"图层上面新建一个透明图层，新建图层以"图层1"命名。

温馨提示

在"图层"面板中列出了图像中的所有图层、图层组和图层效果，对于图层的新建、删除、隐藏等编辑都可通过"图层"面板来进行操作，还可以利用"图层"面板菜单选择其他命令和选项，执行"窗口>图层"菜单命令，或按下快捷键F7即可在工作区中打开"图层"面板来查看或编辑图像。

03 从"图层"面板执行命令新建图层

在"图层"面板中单击右上方的下三角按钮 ，在弹出的菜单中选择"新建图层"命令，打开"新建图层"对话框，即可创建新图层。

7.1.2 移动图层

在编辑图像时，图层按照一定的顺序层叠起来，可以通过菜单命令实现排序，也可以通过菜单命令实现排序，还可以在"图层"面板中直接选中图层，单击并拖曳来移动图层，具体的操作步骤如下。

01 选择图层与移动图层

打开"随书光盘\素材\7\01.psd"素材文件，在"图层"面板中选中"图层1"图层，将其拖曳至需要移动到的位置。

02 释放鼠标查看移动位置

释放鼠标后，即可将选中的图层移动到目标位置，如上图所示。

7.1.3　复制、删除图层

复制图层是在同一图像文件或不同的图像文件中复制图像的简便方法。如果复制的图像文件存在不同的分辨率，图层的图像内容将会根据分辨率的不同缩放显示。如果图像中有不需要的图层，可以对图层进行删除。下面对复制和删除图层的操作方法进行介绍。

01　拖曳图层至按钮

打开7.1.2小节中的素材文件，在"图层"面板中单击需要复制的"图层1"图层，将其拖曳至"创建新图层"按钮 上。

02　查看复制的图层

释放鼠标后即可看到选择的"图层1"被复制，得到"图层1副本"图层。

03　选中图层并拖曳至按钮

选择"图层2"图层，将其拖曳至面板下方的"删除图层"按钮 上。

04　查看删除图层效果

释放鼠标后，"图层2"被删除，在"图层"面板中将不再显示删除的图层。

7.1.4　链接与合并图层

　　如果需要将两个或两个以上图层的图像同时进行操作，则可以将这些图层进行链接。在一个图层进行了编辑和修改时，与其链接的其他图层也相应进行相同的编辑和修改。如果需要减少存储的图层数目，以方便对图层进行操作或减小文件的大小，则可以将这些图层进行合并。

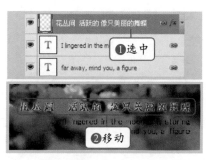

01 选中图层并链接图层

　　打开"随书光盘\素材\7\02.psd"素材文件，在"图层"面板中按住Shift键的同时单击3个文字图层，将其同时选中，然后单击面板下方的"链接图层"按钮。

02 编辑链接图层

　　将所选图层链接后，在"图层"面板中选中其中一个文字图层，使用"移动工具"拖曳移动图层中文字的位置，其他链接图层也会被同时移动位置。

03 合并图层

　　在"图层"面板中选中并右击"图层2"，在打开的快捷菜单中选择"合并可见图层"命令。

04 查看合并图层效果

　　在"图层"面板中可以看到，所有图层被合并为一个图层，合并后的图像效果与原来的图像效果相同。

7.1.5 图层的对齐与分布

在图层处理过程中，由于分布于多个图层的图像位置不同，所以需要设置图像的对齐以及分布。在菜单命令中，可以将图像进行顶边、底边、左边、右边、垂直居中和水平居中的对齐与分布，下面介绍具体操作步骤。

01 选中对齐图层
打开"随书光盘\素材\7\03.psd"素材文件，在"图层"面板中同时选中"图层2"、"图层3"、"图层4"、"图层5"图层。

02 执行菜单命令
选中多个图层后，执行"图层>对齐>底边"菜单命令，将选中的图层进行底边对齐。

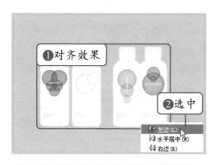

03 查看对齐图层后的图像效果
执行菜单命令后，将图像进行了底边对齐，效果如上图所示，再次执行"图层>分布>左边"菜单命令。

04 分布图像效果
在页面中可以看到4个瓶子图像进行了底边和左边对齐与分布，如上图所示。

7.2   图层样式的应用

Photoshop提供了10种图层样式效果，通过设定图层样式，可以绘制出不同的图像效果。在"图层样式"对话框的左侧可以看到图层样式的效果，主要有投影、内阴影、外发光、内发光、斜面和浮雕、光泽、颜色叠加、渐变叠加、图案叠加和描边10种。本节将主要讲述如何应用这些图层样式。

关键词   "样式"面板、图层样式
难　度   ◆◆◆◆◇

原始文件:素材\7\04.jpg、05.jpg;06.psd
最终文件:源文件\7\添加预设样式、添加图层样式、图层样式的复制和删除.psd

7.2.1   添加预设样式

在Photoshop中可以为图层添加预设的样式效果，在"样式"面板中有多种方便快捷的样式选项，在制作按钮效果时，直接单击需要的样式即可添加样式。用户也可以根据需要随意制作出多种不同类型的样式效果，还可以对样式效果进行存储，便于以后使用。添加预设样式的具体操作步骤如下。

01 打开素材并复制图像
打开"随书光盘\素材\7\04.jpg"素材文件，使用"快速选择工具" 在红色心形上单击创建选区，然后按快捷键Ctrl+J复制选区得到"图层1"。

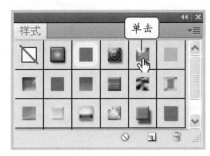

02 选择样式
打开"样式"面板，可看到面板中有多个预设的样式，单击其中的"蓝色玻璃"样式，如上图所示。

03 查看应用样式的效果

选择样式后，在图像窗口中可看到为心形图像添加了蓝色玻璃的立体效果，如上图所示。

04 双击样式名称

在"图层"面板中可看到为"图层 1"添加的图层样式，在"颜色叠加"样式上双击，可打开"图层样式"对话框。

05 更改颜色

在打开的"图层样式"对话框中显示了"颜色叠加"样式的设置选项，单击颜色块更改颜色为红色"R：251、G：6、B：41"，确认设置后可看到心形被更改为红色后的效果。

06 追加文字效果样式

在"样式"面板右上角单击扩展按钮，在打开的菜单中选择"文字效果"命令，可看到打开的询问对话框，单击"追加"按钮，将"文字效果"样式添加到"样式"面板中。

新手提升：选择预设样式

在默认情况下，"样式"面板中只显示了部分样式，需要在扩展菜单中进行选择，其中包括了抽象样式、按钮、虚线笔划、玻璃按钮、图像效果、文字效果等12种预设样式，选择后添加到"样式"面板中才可使用。

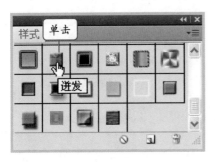

07 选择样式

复制"背景"图层得到"背景副本"图层,在"样式"面板中可看到添加的样式,单击选择其中的"迸发"样式。

08 查看应用样式效果

选择样式后,在图像窗口中可看到为图像应用样式后的效果,并在"图层"面板中可看到选择的样式内容。

09 设置图层混合模式

选中"图层1",按快捷键Shift+Ctrl+Alt+E盖印图层得到"图层2",并设置其图层混合模式为"叠加",如上图所示。

10 查看图像效果

在图像窗口中可看到混合图层后的效果,增强了画面的亮度与对比度,产生更具冲击力的画面效果。

7.2.2 添加图层样式

在Photoshop中,为图层添加样式的方法很多,既可以通过菜单命令进行样式的添加,也可以直接在"图层"面板中选择样式菜单选项,选择样式后打开一个"图层样式"对话框对样式效果进行设置添加,下面介绍具体的操作步骤。

01 打开素材新建图层并填充

　　打开"随书光盘\素材\7\05.jpg"素材文件，在"图层"面板中单击"创建新图层"按钮，新建"图层1"，并为该图层填充白色。

02 选择图层样式选项

　　在"图层"面板中单击"添加图层样式"按钮，在打开的菜单中选择"内发光"命令，打开"图层样式"对话框。

03 设置内发光选项

　　"图层样式"对话框中显示了"内发光"样式的设置选项，更改颜色为黄色"R：238、G：213、B：6"，设置"不透明度"为100%，"阻塞"为2%，"大小"为100像素，然后确认设置。

04 设置图层混合模式

　　设置"内发光"样式后，在"图层"面板中可看到为"图层1"添加的"内发光"图层样式，并设置其图层混合模式为"柔光"，如上图所示。

新手提升：添加图层样式的多种方法

　　为选中图层添加图层样式有多种方法，可以执行"图层>图层样式"菜单命令，在打开的级联菜单中进行选项创建；还可以直接在"图层"面板中双击选中的图层，打开"图层样式"面板，选择样式后进行设置即可添加。

05 查看图层混合效果

在图像窗口中可看到图像添加了黄色内发光后产生的效果，如上图所示。然后复制一个"背景"图层，得到"背景 副本"图层。

06 选择图层样式选项

将"背景 副本"图层移动到最上层，设置图层混合模式为"柔光"，然后单击"添加图层样式"按钮，在打开的菜单中选择"渐变叠加"命令。

07 设置渐变叠加选项

在打开的"图层样式"对话框中对"渐变叠加"选项进行设置，如上图所示。

08 查看渐变叠加效果

设置"渐变叠加"样式后，在图像窗口中可看到图像上添加了渐变样式的效果，如上图所示。

7.2.3　复制和删除图层样式

复制图层样式的方式有多种，可以在"图层"菜单下选择"拷贝图层样式"菜单命令，也可以在"图层"面板中直接拖曳图层样式，将已有的图层样式复制到其他图层上。对于不再需要的样式，可以从图层中删除。下面具体介绍图层样式的复制和删除操作。

01 选中图层并复制图层样式

打开"随书光盘\素材\7\06.psd"素材文件，在"图层"面板中选中添加了图层样式的"图层2"图层，右击选中图层，在弹出的快捷菜单中选择"拷贝图层样式"命令。

02 粘贴图层样式

再选中并右击"图层1"的名称，在弹出的快捷菜单中选择"粘贴图层样式"命令。在"图层"面板中可以看到"图层1"图层添加了相同的样式。

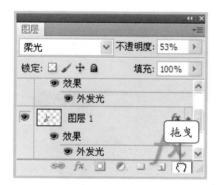

03 拖曳图层样式

在"图层"面板中选中"图层2"中的图层样式名称，并将其拖曳至"删除图层"按钮 🗑 上。

04 删除图层样式效果

释放鼠标后，在"图层"面板中可以看到"图层2"上的图层样式被删除了。

在"图层"面板中可以将图层中的样式移动到其他图层中，方法是在有图层样式的图层的样式图标 *fx* 上单击并拖曳到需要移动的图层上，释放鼠标后，就将图层样式移动到了其他图层上。

7.3 图层属性的设置

在"图层"面板中可通过对图层属性选项的设置更改图层效果，包括图层混合模式和不透明度的设置。图层混合模式可以混合图像中的上层图像与下层图像的颜色混合，产生特殊的图像效果，图层的不透明度可以确定遮蔽或显示下方图层的程度。

关键词 图层混合模式、图层不透明度

难 度 ◆◆◆◇◇

原始文件:素材\7\07.jpg、08.jpg

最终文件:源文件\7\调整图层混合模式.psd、图层不透明度的应用.psd

7.3.1 调整图层混合模式

图层混合模式就是一个图层与其下一层图层的色彩叠加方式，Photoshop中提供了多种混合模式，这些混合模式可以产生多种合成效果。在"图层"面板中单击"图层混合模式"选项下拉按钮，在打开的下拉菜单中有27种混合模式可以选择。下面介绍图层混合模式的应用方法。

01 打开素材文件并绘制矩形

打开"随书光盘\素材\7\07.jpg"素材文件，在"图层"面板中新建一个图层。选择工具箱中的"矩形工具"，在页面中绘制一个白色矩形，并旋转合适的角度。

02 复制多个矩形

按住Alt键单击绘制的矩形并拖曳，复制矩形图像，继续复制多个矩形，并为其分别填充白色和红色（R：190、G：5、B：5）。然后选中全部矩形图层，将其合并为一个图层。

03 设置图层混合模式
在"图层"面板中将"图层1副本9"图层的混合模式设置为"柔光"。

04 查看最终图像效果
在页面中可以看到设置图层混合模式后的图像效果。

7.3.2　图层不透明度的应用

　　图层不透明度可以控制图层的显示程度，在"图层"面板中降低图层的不透明度，可以将当前选中的图层设置成半透明效果，并显示出下方图层的内容。当不透明度设置为0%时，该图层效果被全部遮盖。下面具体介绍图层不透明度的应用。

01 打开图像并创建选区复制图像
打开"随书光盘\素材\7\08.jpg"素材文件，选择"魔棒工具"，在页面中为沙漠图像创建选区，然后按快捷键Ctrl+J复制选区内的图像，得到"图层1"。

02 设置图层属性
在"图层"面板中设置"图层1"的混合模式为"滤色"，降低"不透明度"为50%，设置图层属性后，沙漠图像被提高了亮度。

03 设置"色相/饱和度"选项

执行"图层>新建调整图层>色相/饱和度"菜单命令,在打开的选项中设置"色相"为-8、"饱和度"为+45。

04 查看设置图层属性的效果

在"图层"面板中设置创建的调整图层"色相/饱和度1"图层的图层混合模式为"线性加深","不透明度"为40%,图层混合后的效果如上图所示。

新手提升: "背景" 图层的特殊性

打开或新建一个文件后,在"图层"面板中可以看到最下方都有一个"背景"图层,该图层被锁定,不能进行移动的操作,也不能设置图层混合模式和不透明度等属性。

7.4 创建和编辑调整图层

创建调整图层对图像进行色彩处理的效果与执行菜单命令处理的效果并无差别,但使用调整图层的优势在于不会对原始图像进行破坏,还能够重复编辑调整图层,进行色彩处理。下面详细介绍调整图层的应用。

关键词 调整图层、"调整"面板
难 度 ◆◆◆◆◆

原始文件:素材\7\09.jpg、10.psd
最终文件:源文件\7\创建调整图层.psd、编辑调整图层.psd

7.4.1 创建调整图层

在Photoshop CS5中,可以利用"调整"面板来创建调整图层,也可在"图层"面板中单击"创建新的填充或调整图层"按钮,然后在菜单选项中选择需要添加的填充或调整图层。下面介绍具体的操作步骤。

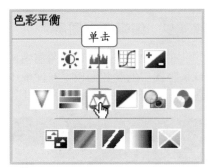

01 打开素材
　　执行"文件>打开"菜单命令，打开"随书光盘\素材\7\09.jpg"素材文件。

02 新建调整图层
　　打开"调整"面板，单击"创建新的色彩平衡调整图层"按钮，创建一个"色彩平衡1"调整图层。

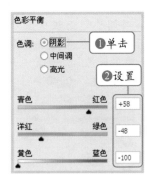

03 设置"色彩平衡"选项
　　在打开的"色彩平衡"选项中选择"色调"为"阴影"，然后拖曳调整下方的各颜色滑块位置依次到+58、-48、-100，如上图所示。

04 查看图像效果
　　设置"色彩平衡1"调整图层后，在图像窗口中可看到图像被调整了色调，效果如上图所示。

新手提升：重新编辑调整图层

　　在"调整"面板中可以快速创建调整图层，单击其中的调整图层按钮，即可在"图层"面板中创建相应的调整图层，并打开相应的调整图层选项进行设置。调整图层保留了所有的设置信息，在"图层"面板中单击调整图层缩览图，即可再次打开设置选项，并进行查看和重新编辑调整图层。

7.4.2　编辑调整图层

　　在添加的填充或调整图层中，直接双击图层缩略图，即可打开填充或调整图层的参数面板，在面板中对参数进行重新设置，从而更改调整图层产生的效果。下面介绍编辑调整图层的具体操作步骤。

01 打开素材并双击调整图层
打开"随书光盘\素材\7\10.psd"素材文件，在"图层"面板中双击"色相/饱和度1"图层缩览图，打开"调整"面板。

02 设置"色相/饱和度"选项
"调整"面板中显示"色相/饱和度"的设置选项，重新选择颜色为"红色"，设置"色相"为-2、"饱和度"为+40。

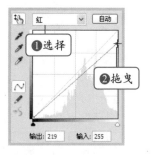

03 双击调整图层缩览图
编辑调整图层后，可看到图像中增强了红色调的效果，在"图层"面板中的"曲线1"调整图层前双击图层缩览图，再次打开"调整"面板。

04 设置红通道曲线
在打开的面板中显示了"曲线"设置选项，选择通道为"红"通道，使用鼠标拖曳调整曲线，如上图所示。

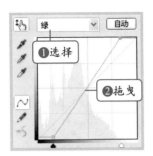

05 设置绿通道曲线

在面板中继续选择"绿"通道，再使用鼠标拖曳调整曲线的形态，如上图所示。

06 查看编辑调整图层效果

编辑调整图层后，在图像窗口中可看到，图像调整色调后的效果如上图所示。

新手常见问题

14. 在图层中应用"样式"面板为图像添加样式后，可否重新编辑该样式？如果可以，怎样设置？

在图层中应用"样式"面板为图像添加了样式后，可以重新编辑该样式。在"图层"面板中添加了样式图层下的"效果"中双击其中一个样式名称，如下左图所示，重新打开"图层样式"对话框，显示该样式的设置选项，如下右图所示，更改选项的设置，便可达到更改样式效果的目的。

15. Photoshop CS5中新增的"减去"和"划分"混合模式有何效果？

Photoshop CS5中的图层混合模式下新增了"减去"和"划分"两个混合模式。"减去"模式通过从基色中减去混合色，在8位和16位图像中，任何生成的负片值都会剪切为零；"划分"模式可查看每个通道中的颜色信息，并从基色中分割混合色。

如下左图所示，可看到图像由两个图层组成，设置"图层1"图层混合模式为"减去"，可看到该模式下产生的混合效果，如下中图所示。将"图层1"图层混合模式更改为"划分"，产生的混合效果如下右图所示。

第8章

图像的高级处理——
通道的应用

通道是Photoshop CS5的重要功能之一，通道的可编辑性很强，色彩选择、套索选择、笔刷等都可以改变通道，几乎可以把通道作为一个位图来处理。

本章从通道类型开始介绍，讲解通道的基础操作和编辑操作，并详细介绍了通过通道调整图像的方法。

要点导航
- 认识通道
- 通道的基础操作
- 编辑通道
- 通过通道调整图像

8.1　认识通道

在Photoshop CS5中编辑图像，实际就是编辑图像的各个颜色通道。这些通道把图像分解成一个或多个色彩成分，每个颜色通道的数目是固定的，并且视色彩模式而定，不同颜色模式的图像，其通道也不同。通道根据编辑的需要分为多种类型，图像的通道信息都在"通道"面板中可以查看到。下面具体介绍"通道"面板中的通道。

关键词　不同颜色模式
下的通道、通道类型
难　度　◆◆◇◇◇

原始文件:素材\8\
01.jpg

8.1.1　不同颜色模式下的通道

通道作为图像的组成部分，是与图像的格式密不可分的，图像的颜色模式决定了通道的数量和模式，在"通道"面板中可以直观地看到。如CMYK模式下的通道由CMYK、青色、洋红、黄色、黑色5个通道组成。

01 打开素材文件
执行"文件>打开"菜单命令，打开"随书光盘\素材\8\01.jpg"素材文件。

02 RGB颜色的"通道"面板
打开"通道"面板，从图中可以看到RGB颜色模式由RGB、"红"、"绿"和"蓝"通道组成。

03 CMYK颜色的"通道"面板
执行"图像>模式>CMYK"菜单命令，将颜色模式转换为CMYK模式，在"通道"面板中可以看到CMYK颜色模式由CMYK、"青色"、"洋红"、"黄色"和"黑色"通道组成。

04 Lab模式的"通道"面板
执行"图像>模式Lab"菜单命令，将CMYK颜色模式的图像转换为Lab模式的图像，在"通道"面板中可以看到Lab颜色模式由Lab、"明度"、a和b通道组成。

8.1.2 通道的分类

通道中以灰度图像的形式来存储图像，Photoshop中将通道分为5种类型，分别为复合通道、颜色通道、Alpha通道、专色通道和临时通道。不同类型的通道在"通道"面板中的表现方式也不一样，下面具体来了解这些通道。

01 复合通道和颜色通道
打开一幅图像后，系统会自动创建混合通道。其中包括复合通道和各颜色通道，图像的颜色模式决定了颜色通道的个数，例如RGB模式下就为红、绿、蓝3个颜色通道。

02 Alpha通道
Alpha通道可将选区存储为灰度图像，用户可以通过添加Alpha通道来创建与存储图像。在"通道"面板中单击"创建新通道"按钮 ，即可新建一个Alpha通道。

03 专色通道

专色是特殊的油墨，专色通道可指定用于专业油墨印刷的附加印版。在"通道"面板的扩展菜单中选择"新建专色通道"选项，就可以打开一个"新建专色通道"对话框，用于设置专色通道。

04 临时通道

临时通道是一种特殊的通道，用于显示选中图层的蒙版效果。在创建调整图层和添加了蒙版后，就会在"通道"面板中出现临时通道，需要选中图层才会显示。

8.2 通道的基本操作

通道的基本操作包括选择通道、显示或隐藏通道、复制通道、删除通道等，使用"通道"面板可以创建并管理通道，并监视编辑效果。通道的操作和图层的操作类似，下面将详细介绍通道的基本操作。

关键词　显示/隐藏通道、选择通道、复制和删除通道
难　度　◆◆◆◇◇

原始文件：素材\8\02.jpg、03.jpg、04.jpg
最终文件：源文件\8\选择通道.psd、复制和删除通道.psd

8.2.1 显示/隐藏通道

显示或隐藏操作很简单，当通道在图像中可视时，面板中该通道的左侧将出现一个眼睛图标 ，单击该眼睛图标，即可显示或隐藏通道。单击复合通道，可以查看所有的默认颜色通道。只要所有的颜色通道可视，就会显示复合通道。

01 打开素材文件
　　执行"文件>打开"菜单命令，打开"随书光盘\素材\8\02.jpg"素材文件。

02 隐藏通道
　　打开"通道"面板，单击"蓝"通道前面的眼睛图标，将"蓝"通道隐藏，RGB复合通道也被隐藏。

03 图像效果
　　将"蓝"通道隐藏后，图像中隐去了蓝通道中的颜色信息，图像显示出明显的颜色变化，效果如上图所示。

04 显示通道
　　在"通道"面板的"蓝"通道前面的眼睛图标位置上单击，显示眼睛图标，可看到蓝通道和RGB通道都被显示出来。

新手提升：显示复合通道

　　打开图像后，在"通道"面板中会将该图像的所有通道信息都显示出来，当选择或隐藏其中一个颜色通道时，复合通道就会被自动隐藏。单击复合通道，可以将隐藏的所有颜色通道都显示出来。

8.2.2　选择通道

　　选择通道和选择图层的方法相同，在"通道"面板中单击各个通道，即可将其选取。按住Shift键的同时单击通道，可以加选多个通道。在选取相应的通道后，图像窗口中会显示出各个通道所包含的颜色信息。下面将详细介绍选择通道进行编辑的操作步骤。

01 打开素材文件
　　执行"文件>打开"菜单命令，打开"随书光盘\素材\8\03.jpg"素材文件。

02 转换颜色模式
　　执行"图像>模式>Lab颜色"菜单命令，将图像样式模式转换为Lab颜色模式。

03 选择通道并复制
　　打开"通道"面板，单击选中a通道，可看到其他通道被隐藏，按快捷键Ctrl+A全选，按Ctrl+C复制选中通道的图像。

04 选择通道并粘贴
　　在"通道"面板中单击选中b通道，按快捷键Ctrl+V粘贴所复制的a通道图像。

05 单击复合通道

在"通道"面板中单击Lab复合通道，将所有颜色通道都显示出来。

06 查看编辑通道效果

在图像窗口中可看到图像通道被编辑后更改了色调，如上图所示。

8.2.3 复制和删除通道

对"通道"面板中的通道进行复制和删除的方法与对图层的操作方法类似。如果是在通道间进行通道的复制，则通道必须具有相同的像素尺寸。下面对通道的复制和删除操作进行介绍。

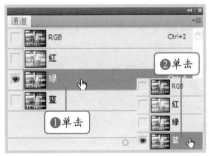

01 打开素材文件

执行"文件>打开"菜单命令，打开"随书光盘\素材\8\04.jpg"素材文件。

02 复制并粘贴"绿"通道

在"通道"面板中选择"绿"通道。按快捷键Ctrl+C复制"绿"通道，然后单击"蓝"通道，粘贴"绿"通道到"蓝"通道中。

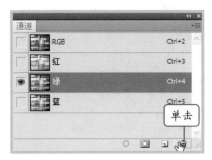

03 删除"绿"通道
在"通道"面板中选择"绿"通道，单击底部的"删除当前通道"按钮 🗑，如上图所示，即可删除"绿"通道。

04 图像和通道效果
删除"绿"通道后，"通道"面板变成了由"青色"和"黄色"组成的通道，变化后的图像效果如上图所示。

8.3　编辑通道

对图像的编辑实质上是对通道的编辑。通道是记录图像信息的地方，无论色彩的改变、选区的增减还是渐变的产生，都会在通道中体现出来。本节将通过编辑通道来改变图像，通道的编辑操作主要包括分离通道、合并通道、从选区中载入通道等。

关键词　分离和合并通道、从选区载入通道
难　度　◆◆◆◆◇

原始文件:素材\8\05.jpg、06.jpg
最终文件:源文件\8\分离和合并通道.psd、从选区载入通道.psd

8.3.1　分离和合并通道

拼合图像的通道可以分离为单独的图形。此时，原文件被关闭，单个通道出现在单独的灰度图像窗口，新窗口中的标题栏显示原文件名以及通道的缩写或全名。新图像中会保留上一次存储后的任何更改，而原图像则不会保留这些更改。下面具体介绍分离和合并通道的操作。

01 打开素材文件
执行"文件>打开"菜单命令，打开"随书光盘\素材\8\05.jpg"素材文件。

02 选择"分离通道"命令
打开"通道"面板，在面板右上方单击扩展按钮，在打开的菜单中选择"分离通道"命令。

03 通道被分离后的效果
选择"分离通道"命令后，图像被分成3个图像，如上图所示。

04 选择"合并通道"命令
将图像分成3个图像后，选择任意图像，在"通道"面板中单击扩展按钮，在打开的菜单中选择"合并通道"命令。

新手提升：选择分离通道的个数

对图像应用"分离通道"命令时，会根据图像的颜色模式将颜色通道分为单一的灰度图像。分离的图像个数依颜色通道的个数决定，如RGB颜色模式分为3个图像文件，CMYK颜色模式分为4个图像文件。因此在分离通道前，可以通过更改图像的颜色模式，由颜色模式来决定分离通道的个数。

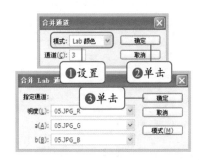

05 "合并通道"对话框

　　弹出"合并通道"对话框，设置"模式"为"Lab颜色"，单击"确定"按钮，打开"合并Lab通道"对话框，然后单击"确定"按钮。

06 查看Lab模式的图像效果

　　根据上一步骤的设置，图像合并为一个Lab颜色模式的图像，效果如上图所示。

8.3.2　从选区载入通道

　　从选区载入通道后，可以对图像选区进行各类编辑，在"通道"面板中单击"将选区存储为通道"按钮，即可将图像中设置为选区的部分制作为通道。下面对其操作方法进行介绍。

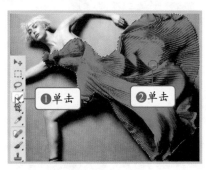

01 打开素材文件

　　执行"文件>打开"菜单命令，打开"随书光盘\素材\8\06.jpg"素材文件。

02 创建选区

　　在工具箱中单击"快速选择工具"按钮，使用该工具在图像中红色裙子图像上单击，将裙子创建为选区。

03 将选区存储为通道

在"通道"面板中单击"将选区存储为通道"按钮 ▣，创建Alpha1通道，将选区存储为通道，如上图所示。

04 调整"色相/饱和度"

执行"图像>调整>色相/饱和度"菜单命令，打开"色相/饱和度"对话框，设置"色相"为-77，可看到选区内图像被更改了色调的效果。

新手提升：将通道载入选区

在"通道"面板中单击"将通道作为选区载入"按钮 ○ ，可在当前图像上调用选择通道上的灰度值，并将该通道中的图像转换为选区。

8.4 通过通道调整图像

"通道"面板的颜色通道中，每个通道代表一种颜色，对单个的颜色通道进行调整，图像会随之变换。在"通道"中可以应用"计算"、"应用图像"等命令来设置不同的图像效果，下面具体介绍通过通道调整图像的操作。

关键词 计算、应用图像
难 度 ◆◆◆◆◆

原始文件:素材\8\07.jpg、08.jpg、09.jpg、10.jpg、11.jpg、12.jpg
最终文件:源文件\8\混合图层和通道.psd、用"应用图像"命令混合通道.psd、用"计算"命令混合通道.psd

8.4.1 混合图层和通道

通道的另一种功能就是通过图层蒙版来控制图层的显示范围，之所以这样说，是因为当我们建立图层蒙版时，该图层蒙版会同时出现在"通道"面板中，这可以证明通道和蒙版实际上是"近亲"关系。

01 打开素材文件

执行"文件>打开"菜单命令，同时打开"随书光盘\素材\8\07.jpg、08.jpg"两个素材文件。

02 复制图像并添加蒙版

将人物素材文件拖入风景素材文件中，得到"图层1"。在"图层"面板中单击"添加图层蒙版"按钮，为"图层1"添加图层蒙版。

03 设置画笔选项

选择"画笔工具"，在工具选项栏中打开"画笔预设"拾取器，设置画笔大小为300px，并设置"不透明度"为80%，然后调整前景色为黑色。

04 在蒙版中绘制

使用"画笔工具"在人物图像周围涂抹，将人物与背景图像融合，如上图所示。在"通道"面板中可看到出现了"图层1蒙版"通道。

新手提升：利用临时通道编辑蒙版

在为图层添加了图层蒙版后，就会在"通道"蒙版中出现该蒙版的临时通道，记录了蒙版的信息。用户可将蒙版的选区进行存储。在"通道"蒙版中单击选中该临时通道，就会在图像窗口中显示该通道的黑白效果，在黑白图像中使用编辑工具对蒙版进行编辑，同样可以达到遮盖和显示图像的效果。

05 复制人物图像

按快捷键Ctrl+J复制"图层1"，得到"图层1"副本，按快捷键Ctrl+T调出变换编辑框，右击，在弹出的快捷键菜单中选择"水平翻转"命令。

06 图像效果

调整"图层1副本"图像到合适的位置，图像效果如上图所示，在"通道"面板中可查看到"图层2副本蒙版"通道。

8.4.2 用"应用图像"命令混合通道

使用"应用图像"命令，可以将一个图像的图层和通道与现有图像的图层进行混合。在混合的过程中，目标图像必须与源图像的像素和尺寸匹配。该命令常用于制作特殊图像合成效果，下面对其操作进行介绍。

01 打开素材文件

执行"文件>打开"菜单命令，打开"随书光盘\素材\8\09.jpg"人物素材文件和"10.jpg"图片素材文件。

02 选择通道执行命令

在人物素材文件"通道"面板中选择"绿"通道，执行"图像>应用图像"菜单命令。

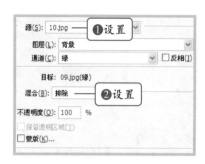

03 设置应用图像选项

打开"应用图像"对话框，设置源（S）为"10.jpg"，"混合"选项为"排除"。

04 图像效果

对"绿"通道应用"应用图像"命令后，最终图像效果如上图所示。

8.4.3 用"计算"命令混合通道

"计算"命令用于混合两个来自一个或多个源图像的单个通道。与"应用图像"命令不同的是，使用"计算"命令混合出来的图像以黑、白、灰显示，并且通过"计算"面板中的"结果"选项的设置，可将混合的结果新建为通道、文档或选区。下面具体介绍用"计算"命令混合通道的操作。

01 打开素材文件

执行"文件>打开"菜单命令，打开"随书光盘\素材\8\11.jpg"素材文件。

02 打开素材并执行命令

打开"随书光盘\素材\8\12.jpg"素材文件，然后执行"图像>计算"菜单命令，打开"计算"对话框。

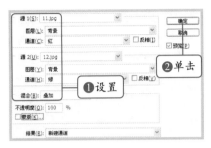

03 设置"计算"选项

在"计算"对话框中设置"源1"为"11.jpg"，通道为"红"，"源2"为"12.jpg"，通道为"绿"，"混合"选项为"叠加"，然后单击"确定"按钮。

04 查看新建通道

对"11.jpg"和"12.jpg"通道进行混合后，在"通道"面板中得到了新通道Alpha 1。

05 复制并粘贴通道图像

将Alpha1通道中的图像全选并复制，选择复合通道，在图像中粘贴通道中的图像，得到"图层1"。

06 调整"亮度/对比度"效果

创建一个"亮度/对比度"调整图层，在打开的选项中设置"亮度"为15、"对比度"为70。

新手常见问题

16. 专色通道的创建有何作用？效果如何？

专色是特殊的预混油墨，用于替代或补充印刷色（CMYK）油墨，为了使自己的印刷作品与众不同，往往会做一些特殊处理，如增加荧光油墨或夜光油墨等，这些特殊颜色的油墨无法由三原色油墨混合而成。

在"通道"面板中创建的每个专色通道以灰度图像存储相应的专

色信息，每一种专色都有本身的固定色相，它解决了印刷中颜色传递准确性的问题。在图像中创建选区，如下左图所示，在"通道"面板中单击右上角的扩展按钮▼≡，在打开的菜单中选择"新建专色通道"命令，可打开"新建专色通道"对话框。在对话框中设置选项后，如下中图所示，即可看到选区以设置的专色通道颜色显示，如下右图所示。

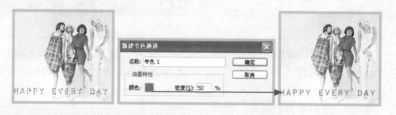

17．"应用图像"命令与"计算"命令有何区别？

在Photoshop中，可以利用"应用图像"和"计算"命令对图层通道进行混合计算。两者有着明显的区别，"应用图像"命令是直接对图层中图像的各个颜色通道进行混合，从而直接改变图像，得到新的图像效果；"计算"命令用于通过混合图像的各个颜色通道，得到的是新的Alpha通道、选区或新的黑白效果文档，而不改变原图像效果。

18．怎样利用通道从复杂的图像中进行选区的设置？

通道的另一个常用功能就是抠取复杂的图像。在需要创建选区的图像中，复制一个黑白明暗对比强烈的颜色通道，如下左图所示；再通过各种调整命令和绘图工具在复制通道图像中进行编辑，将需要创建选区的部分以白色显示，不需要选择的区域以黑色显示，如下中图所示；最后载入通道为选区，即可将复杂的人物图像抠取出来，创建为选区，如下右图所示。

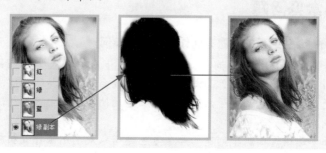

第9章

合成图像的魔法——
蒙版的应用

蒙版是Photoshop广泛用于图像处理的关键技术之一，使用图层蒙版可以创建出多种梦幻般的图像效果，通过对蒙版进行不同程度的设置，能够打造过渡非常细腻、逼真的图像混合效果。

本章将着重介绍蒙版的多种操作和应用，从认识不同的蒙版开始介绍，帮助读者掌握多种蒙版的创建以及编辑方法。通过对蒙版进行一系列的编辑和设置，可以打造不同的选区及图像效果。应用蒙版，可以创造出一些特殊的纹理效果。

9.1　认识蒙版

蒙版主要用于对图像进行遮挡，能够快速设置并保留复杂的图像选区。所有显示、隐藏图层的效果操作均在蒙版中进行，因此能够保护图像的像素不被编辑，在绘制图像的过程中，有很大的制作空间。本节将具体介绍蒙版的分类以及蒙版面板。

关键词　图层蒙版、快速蒙版、剪贴蒙版、矢量蒙版
难　度　◆◆◆◇◇

9.1.1　蒙版的分类

在Photoshop中存在很多蒙版类型，根据蒙版的特征，分为图层蒙版、快速蒙版、矢量蒙版以及剪贴蒙版等。下面分别了解这4类蒙版的应用。

01 图层蒙版

Photoshop中的图层蒙版将不同的灰度色值转化为不同的透明度，并作用到所在图层，使图层不同部位的透明度产生相应的变化，黑色为完全透明，白色为完全不透明。通过在图层中添加蒙版，可以得到一些特殊效果。

02 快速蒙版

快速蒙版可以将任何选区作为蒙版进行编辑，也就是可以使用Photoshop中任意工具或滤镜对蒙版进行修改，从选中区域开始，使用快速蒙版在该区域中添加或删除以创建蒙版，受保护区域或未受保护区域以不同的颜色进行区分。当离开快速蒙版模式时，未受保护区域成为选区。

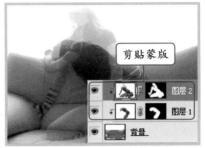

03 矢量蒙版

矢量蒙版是应用所绘制的路径来显示出图像效果的，在相应的图层中添加矢量蒙版后，应用路径工具在图像中进行绘制，就可以生成沿着路径变化的特殊形状效果。

04 剪贴蒙版

剪贴蒙版的作用是在图层之间形成一种包容关系，将上一个图层的图像应用以添加剪贴蒙版的方式放置到底部的图像中。

9.1.2 了解"蒙版"面板

在Photoshop CS5中，利用"蒙版"面板，可以直接为选择的图层创建像素蒙版和矢量蒙版，还可以通过选项对蒙版区域的浓度、羽化和调整等选项进行设置。下面详细介绍"蒙版"面板。

01 添加像素蒙版

打开"蒙版"面板，单击"蒙版"面板右上角的"添加像素蒙版"按钮，即可为当前图层创建一个像素蒙版。

02 添加矢量蒙版

单击"添加矢量蒙版"按钮，即可在选中图层上创建一个矢量蒙版，在"图层"面板中即可查看到添加的矢量蒙版效果。

03 设置浓度

设置浓度值的大小，可以调整蒙版的应用深度，默认参数为100%。参数值大小与蒙版应用深度成正比，当参数为0%时，蒙版效果被完全隐藏，拖曳"浓度"滑块即可进行设置。

04 设置羽化

通过对羽化选项参数进行设置，可以调整蒙版边缘的羽化效果，设置的参数越大，蒙版边缘模糊区域就越大，即羽化区域就越大。如上图所示，用户可以拖曳"羽化"选项下的滑块进行设置。

9.2 "蒙版"面板的基本操作

　　"蒙版"面板可以让用户方便地在图层中创建像素蒙版和矢量蒙版，并可对蒙版直接进行编辑。在"蒙版"面板中，用户可以快速地为图层创建蒙版，并且可以快速编辑、应用、停用以及删除蒙版等。下面分别介绍"蒙版"面板的各项基本操作。

关键词　创建和编辑蒙版、应用和停用蒙版、删除蒙版
难　度　◆◆◆◇◇

原始文件:素材\9\01.jpg、02.jpg
最终文件:源文件\9\创建和编辑蒙版.psd

9.2.1　创建和编辑蒙版

　　通过"蒙版"面板可以直接创建图层蒙版或矢量蒙版，单击"蒙版"面板中的"添加像素蒙版"按钮 或"添加矢量蒙版"按钮 即可创建需要的蒙版，使用画笔工具可以对蒙版进行编辑。下面具体介绍创建和编辑蒙版的操作步骤。

01 打开素材文件

执行"文件>打开"菜单命令，同时打开"随书光盘\素材\9\01.jpg、02.jpg"两个素材文件。

02 复制图像

将"02.jpg"文件中的图像复制到"03.jpg"文件中，得到"图层1"，并调整复制图像的大小，如上图所示。

03 添加蒙版

单击"蒙版"面板中的"添加像素蒙版"按钮，添加图层蒙版。

04 查看添加的蒙版

在"图层"面板中可查看到为"图层1"添加了图层蒙版。

05 编辑蒙版

设置前景色为黑色，选择"画笔工具"，在图像中吉他以外的区域进行涂抹，显示下面图层中的图像。

06 查看最终效果

继续使用"画笔工具"对图像进行涂抹，将吉他与背景图像合为一个整体，最终效果如上图所示。

9.2.2　应用和停用蒙版

当确认效果不再更改时，为了方便后面的操作，可以对蒙版进行应用。停用蒙版则可以查看添加蒙版之前的图层效果，通过单击图层蒙版中的眼睛图标即可轻松实现。下面分别对蒙版的应用和停用进行介绍。

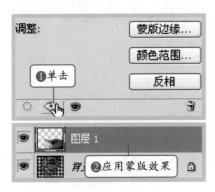

01 应用蒙版
在"蒙版"面板中单击"应用蒙版"按钮 ，即可将蒙版与图层中的图像合并，在"图层"面板中可以看到合并后的效果。

02 停用蒙版
在"蒙版"面板中单击"停用/启用蒙版"按钮 ，即可将蒙版暂时停用，并在蒙版缩略图中会出现一个红色的叉。

新手提升：创建像素蒙版

在"蒙版"面板中单击"添加像素蒙版"按钮 ，就可以为选中图层添加一个像素蒙版，这里的像素蒙版也称图层蒙版，是Photoshop中合成图像时最常用的功能。另外直接在"图层"面板中单击下方的"添加图层蒙版"按钮 ，也可以为当前选中图层添加图层蒙版。

9.2.3　删除蒙版

对于不再需要的蒙版，可将其删除，在"蒙版"面板中单击"删除蒙版"按钮 ，即可将选中的蒙版删除，对原图像无影响。下面介绍删除蒙版的具体操作步骤。

01 单击"删除蒙版"按钮

选中需要删除的蒙版，在"蒙版"面板中单击"删除蒙版"按钮 🗑，如上图所示。

02 查看删除蒙版后的效果

在"图层"面板中可以看到图层蒙版被删除了。

9.3 蒙版的进一步设置

图层蒙版在Photoshop中是常用的蒙版，在制作特殊合成图像中常常会用到。"蒙版"面板中还为图层蒙版的设置提供了多个命令，以便更好地对图层蒙版进行应用，下面就具体介绍蒙版的进一步设置。

关键词 蒙版边缘、颜色范围、反相
难 度 ◆◆◆◆◆

原始文件：素材\9\03.jpg、04.jpg、05.jpg、06.jpg、07.jpg
最终文件：源文件\9\编辑蒙版边缘.psd、从颜色范围设置蒙版.psd、设置蒙版的反相.psd

9.3.1 编辑蒙版边缘

创建蒙版后，还可以利用"蒙版"面板对蒙版边缘进行设置。单击"蒙版"面板中的"调整边缘"按钮，打开"调整蒙版"对话框，设置对话框中的各项选项参数，即可将蒙版边缘调整到需要的状态。下面介绍编辑蒙版边缘的具体操作。

01 打开素材文件

执行"文件>打开"菜单命令，打开"随书光盘\素材\9\03.jpg"素材文件。

02 添加蒙版

在"蒙版"面板中单击"添加像素蒙版"按钮 ⬚，添加一个图层蒙版。在"图层"面板中可以看到创建的图层蒙版。

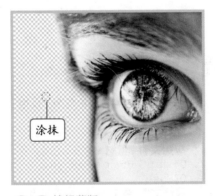

03 编辑蒙版

选择"画笔工具" ✐，设置合适的画笔大小，并将前景色设置为黑色，然后在图像中的人物背景上进行涂抹，被涂抹区域隐藏了背景图像。

04 单击"调整边缘"按钮

打开"蒙版"面板，单击"蒙版边缘"按钮，即可打开"调整蒙版"对话框。

新手提升：设置画笔不透明度

利用"画笔工具"在蒙版中进行编辑时，在工具选项栏中降低不透明度和流量的参数再进行涂抹，可设置出半透明的图像效果。

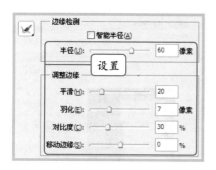

05 设置各项参数
　　设置蒙版边缘的"半径"为60像素、"平滑"为20、"羽化"为7像素、"对比度"为30%，最后确认设置。

06 查看编辑蒙版边缘效果
　　调整蒙版边缘选项参数后，可以看到图像边缘去除了多余的图像，边缘变得平滑了。

9.3.2　从颜色范围设置蒙版

　　通过"蒙版"面板中的"颜色范围"命令，可以选择图像中的色彩进行蒙版的隐藏和显示。为图层创建蒙版后，在面板中单击"颜色范围"按钮，可以通过打开的"色彩范围"对话框对蒙版进行调整。下面介绍具体的操作步骤。

01 打开素材文件
　　执行"文件>打开"菜单命令，同时打开"随书光盘\素材\9\04.jpg、05.jpg"两个素材文件。

02 复制素材图像
　　将"05.jpg"文件中的图像复制到"04.jpg"文件中，得到"图层1"，并调整图像到合适大小。

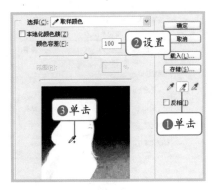

03 添加图层蒙版
在"蒙版"面板中单击"添加像素蒙版"按钮，添加一个图层蒙版，再单击"颜色范围"按钮，打开"色彩调整"对话框。

04 设置色彩范围
在对话框中单击"添加到取样"按钮，设置"颜色容差"为100，然后在图像中的人物脸部和头发位置单击进行颜色取样，将人物全部选中。

05 设置图层的不透明度
在"图层"面板中可以看到设置颜色范围后蒙版的效果，将"图层1"图层的"不透明度"设置为40%。

06 查看最终的图像效果
在图像窗口中可看到设置蒙版后人物合成到图像中的效果，如上图所示。

9.3.3　设置蒙版的反相

通过"蒙版"面板中的"反相"命令，可以将设置的蒙版效果进行反转，即将原来的显示区域反转为隐藏区域，之前隐藏的区域被显示出来。下面将介绍反相设置蒙版的具体操作步骤。

01 打开素材文件并添加蒙版

　　打开"随书光盘\素材\9\06.jpg、07.jpg"素材文件，将"07.jpg"复制到"06.jpg"图像中；然后在"图层"面板中单击"添加图层蒙版"按钮 ，为"图层1"添加图层蒙版。

02 编辑图层蒙版

　　选择"画笔工具" ，设置前景色为黑色，然后在图像中的人物背景区域进行绘制，将"背景"图层中的图像显示出来。

03 继续编辑蒙版

　　使用"画笔工具" 继续在人物图像的背景区域进行涂抹，继续编辑图层蒙版。

04 反相蒙版

　　在"蒙版"面板中单击"反相"按钮，将图层蒙版进行反转，可以看到人物图像被隐藏，而显示出之前隐藏的部分图像。

新手提升：编辑图层蒙版的工具

　　在编辑图层蒙版时，可以利用工具箱中的多个绘图工具，包括"画笔工具"、"铅笔工具"、"渐变工具"等，也可以使用"橡皮擦工具"。

9.4 快速蒙版

快速蒙版可以将任何选区作为蒙版进行编辑，不需要使用通道面板，也可以直接查看图像效果。在进入快速蒙版编辑模式后，图层就会以灰色显示，即表示可以对蒙版进行编辑，可以利用各种绘图工具在图像中进行编辑。退出快速蒙版编辑模式后，就可以将蒙版区域创建为选区，下面就详细介绍快速蒙版的应用。

关键词　以快速蒙版模式编辑、以标准模式编辑、快速蒙版选项

难　度　◆◆◆◇◇

原始文件:素材\9\08.jpg、09.jpg、10.jpg

最终文件:源文件\9\通过临时蒙版创建选区.psd

9.4.1 通过临时蒙版创建选区

通过快速蒙版的编辑，可以直接将涂抹的区域创建为选区，相对于其他选区工具来说，应用快速蒙版创建选区十分简单快捷。在工具箱中单击"以快速蒙版模式编辑"按钮 ▣ ，即可进入快速蒙版模式进行编辑。下面介绍通过临时蒙版创建选区的具体操作步骤。

01 打开素材文件

执行"文件>打开"菜单命令，同时打开"随书光盘\素材\9\08.jpg、09.jpg"两个素材文件。

02 复制图像并填充图层

将"09.jpg"复制到"08.jpg"图像中，得到"图层1"，然后复制"背景"图层，生成"背景 副本"图层，并为"背景"图层填充前景色为黑色。

03 编辑快速蒙版

单击工具箱下方的"以快速蒙版模式下编辑"按钮 ⬜ ，进入快速蒙版编辑模式，使用"画笔工具" ✏在人物图像上进行涂抹，涂抹区域将以半透明的红色蒙版显示。

04 查看选区效果

单击工具箱中的"以标准模式编辑"按钮 ⬜ ，退出快速蒙版，可看到快速蒙版以外的区域被创建为选区；执行"选择>反向"菜单命令，反向选区，将人物选中。

05 添加图层蒙版

在"图层"面板下方单击"添加图层蒙版"按钮，为"图层1"添加一个图层蒙版，在图像窗口中可看到选区以外的区域被蒙版遮盖。

06 设置图层混合模式

在"图层"面板中设置"图层1"和"背景 副本"图层的图层混合模式都为"滤色"，"不透明度"为80%，设置图层后的效果如上图所示。

新手提升：反向选区

默认情况下，利用快速蒙版编辑后的蒙版区域，退出快速蒙版时，为不被选择的区域，就需要执行"选择>反向"菜单命令反向选区，将蒙版内的部分创建为选区。

9.4.2　设置快速蒙版选项

在"快速蒙版选项"对话框中可对快速蒙版进行设置。双击工具箱中的"以快速蒙版模式编辑"按钮，即可打开"快速蒙版选项"对话框，用户可根据个人需要更改色彩指示区域、蒙版区域颜色等。下面介绍设置"快速蒙版选项"的具体操作。

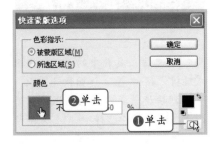

01 单击颜色块

打开"随书光盘\素材\9\10.jpg"素材文件，单击工具箱下方的"以快速蒙版模式编辑"按钮 ，打开"快速蒙版选项"对话框，单击红色色块。

02 设置快速蒙版颜色

打开"选择快速蒙版颜色"对话框，设置颜色为"R：202、G：36、B：192"的紫红色，然后单击"确定"按钮，返回"快速蒙版选项"对话框。

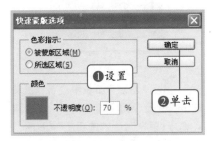

03 设置快速蒙版选项

在"快速蒙版选项"对话框中可看到颜色块显示为紫红色，将"不透明度"设置为70%，然后单击"确定"按钮，如上图所示。

应用快速蒙版效果

04 应用设置的快速蒙版

根据上一步设置的快速蒙版模式编辑图像，应用"画笔工具"在图像中单击，绘制出的蒙版区域均为紫红色显示。

9.5 剪贴蒙版

剪贴蒙版通过使用处于下方图层的形状来限制上方图层的显示状态，达到一种剪贴画的效果。剪贴蒙版至少需要两个图层才能创建，位于最下面的一个图层叫做基底图层，位于其上的图层叫做剪贴层。基层只能有一个，剪贴层可以有若干个。下面介绍剪贴蒙版的创建和使用。

关键词 变形文字、路径文字、转换为形状、添加样式
难 度 ◆◆◆◆◇

原始文件：素材\9\11.psd、12.jpg
最终文件：源文件\9\制作剪贴蒙版.psd、剪贴蒙版的应用.psd

9.5.1 制作剪贴蒙版

创建剪贴蒙版的方法有两种，一种是直接在"图层"面板中应用快捷命令创建，一种是通过"图层"面板的快捷菜单中的相关命令进行创建。本小节对通过在"图层"面板中创建剪贴蒙版的方法进行具体介绍。

01 打开素材文件
打开"随书光盘\素材\9\11.psd"素材文件，再打开"随书光盘\素材\9\12.jpg"素材文件。

02 复制图像
将"12.jpg"图像复制到"11.psd"文件中，得到"图层3"，然后按快捷键Ctrl+J复制"图层3"图层，得到"图层3副本"图层，如上图所示。

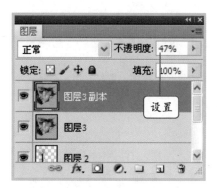

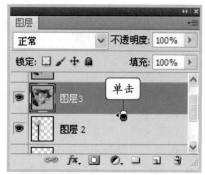

03 降低图层不透明度

在"图层"面板中单击选中"图层3副本"图层，然后设置其"不透明度"为47%。

04 创建剪贴蒙版

单击选中"图层3"图层，然后按Alt键单击"图层3"和"图层2"之间的交接处，如上图所示。

05 查看创建的剪贴蒙版

在"图层"面板中可以看到创建的剪贴蒙版效果。

06 查看完成效果

回到图像窗口，可以查看创建剪贴蒙版后的图像效果。

新手提升：创建和取消剪贴蒙版

在Photoshop中可通过多种方法创建剪贴蒙版，可在选中剪贴层后执行"图层>创建剪贴蒙版"菜单命令进行创建；也可按住Alt键的同时在剪贴层和基层之间单击，快速创建剪贴蒙版；还可以按快捷键Ctrl+Alt+G为图像图层快速创建剪贴蒙版。如需取消剪贴蒙版，可以再次按快捷键Ctrl+Alt+G。

9.5.2　剪贴蒙版的应用

　　创建剪贴蒙版后，可以对图层的混合模式、不透明度或图层样式等进行调整。在编辑完成后，执行菜单命令还可以将剪贴蒙版进行合并或释放。下面介绍具体的操作步骤。

01 设置图层混合模式
　　在9.5.1小节的文件中继续编辑，在"图层"面板中设置"图层3副本"图层的混合模式为"柔光"，"不透明度"为100%。

02 查看设置混合模式的效果
　　设置图层混合模式后，在图像窗口中可以看到图像设置了图层混合模式后的效果。

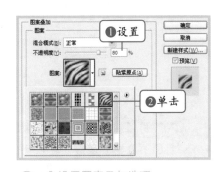

03 添加图层样式
　　选中"图层3"图层，单击"添加图层样式"按钮 *fx.*，在弹出的菜单中选择"图案叠加"命令，打开"图层样式"对话框。

04 设置图案叠加选项
　　在对话框中设置"不透明度"为80%，单击"图案"后的下三角按钮，打开"图案拾取器"，选择需要的图案样式，然后确认设置。

05 合并剪贴蒙版
在"图层"面板中的"图层2"图层上右击,在打开的快捷菜单中单击"合并剪贴蒙版"命令。

06 查看最终图像效果
在"图层"面板中可看到已经将剪贴蒙版合并为一个图层,在页面中可以看到图像的最终效果。

新手常见问题

19. 怎样创建矢量蒙版?

在Photoshop中的"蒙版"面板中,可以单击"添加矢量蒙版"按钮 ◎,为图层添加矢量蒙版;也可以在"图层"面板中按住Ctrl键的同时将鼠标指针放置到"添加图层蒙版"按钮上,此时按钮变为"添加矢量蒙版",单击即可,如下图所示。

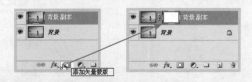

20. 可以将创建的剪贴蒙版快速释放吗?

创建了剪贴蒙版后,可以快速释放剪贴蒙版,操作方法与创建剪贴蒙版相同。按住Alt键的同时在基底图层和剪贴层之间单击,即可快速释放剪贴蒙版,如下图所示。

第10章

多姿多彩的图像处理
——Photoshop CS5
的滤镜

Photoshop中最重要的图像处理操作之一就是使用滤镜对图像进行艺术化处理，Photoshop CS5提供了100多种滤镜，包括5种独立特殊滤镜和14种效果滤镜，具有十分强大的功能。

本章详细描述多类滤镜的概念及在应用滤镜时的规则和技巧，使用户能够熟练应用滤镜制作各种效果的图像，以及提高审美能力。

10.1　滤镜库的操作

　　　滤镜库中集成了多种滤镜，在"滤镜库"对话框中可以积累应用多个滤镜，也可以重复应用单个滤镜，还可以重新排列滤镜并更改已应用的每个滤镜的设置。在滤镜库中可以直观地预览到图像应用滤镜的效果，本节中将对滤镜库的操作进行介绍。

关键词　查看、创建效果图层
难　度　◆◆◇◇◇

原始文件:素材\10\
01.jpg、02.jpg
最终文件:源文件\10\查
看图像效果.psd、创建效
果图层.psd

10.1.1　查看图像效果

　　对图像执行"滤镜>滤镜库"菜单命令，打开"滤镜库"对话框后，对话框左侧的预览框中会显示打开的图像效果，在对话框中可以设置多种滤镜，制作特殊的效果，并可通过左侧的图像预览区域直接预览滤镜效果。在滤镜库中添加滤镜的具体的操作步骤如下。

01 打开素材文件并复制图层

　　执行"文件>打开"菜单命令，打开"随书光盘\素材\10\01.jpg"素材文件，在"图层"面板中复制一个"背景"图层，得到"背景 副本"图层。

02 执行命令打开对话框

　　执行"滤镜>滤镜库"菜单命令，在打开的"滤镜库"对话框中可以看到图像效果预览区域，中间为滤镜命令选择区域，可以选择其他的滤镜效果。

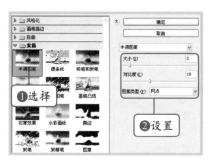

03 设置滤镜

在对话框中的"素描"滤镜组下选择"半调图案"滤镜，在右侧打开的选项中设置"大小"为2、"对比度"为18、"图案类型"为"网点"。

04 预览滤镜效果

设置选项后，在"滤镜库"对话框右侧的预览框中可看到图像被应用滤镜后的效果，然后确认设置。

10.1.2 创建效果图层

在利用"滤镜库"为图像设置效果时，用户可以根据需要对图像应用多个滤镜效果。在"滤镜库"对话框中，单击对话框右下角的"新建效果图层"按钮 ，创建新的滤镜效果图层；然后选择多个不同的滤镜，同时添加到图像中，产生特殊的效果。下面介绍具体的操作步骤。

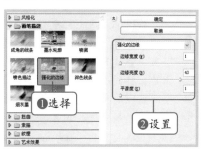

01 打开素材文件并复制图层

执行"文件>打开"菜单命令，打开"随书光盘\素材\10\02.jpg"素材文件，在"图层"面板中复制一个"背景"图层，得到"背景副本"图层。

02 设置滤镜库

执行"滤镜>滤镜库"菜单命令，在打开的对话框中选择"画笔描边"滤镜组下的"强化的边缘"滤镜，并在右侧设置选项参数，如上图所示。

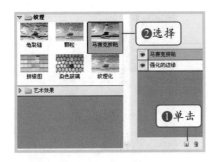

<big>03</big> 添加新的效果图层

单击"新建效果图层"按钮 ，新建一个效果图层，并选择"纹理"滤镜组下的"马赛克拼贴"滤镜，如上图所示。

<big>04</big> 设置滤镜选项后的效果

在对话框中设置"马赛克拼贴"滤镜选项参数依次为11、3、9，确认设置后，图像被添加了特殊的纹理效果，如上图所示。

新手提升：删除效果图层

在添加的滤镜效果图层中，可以将一个或多个滤镜效果图层删除。在对话框中单击下方的"删除效果图层"按钮 ，即可删除选中的效果图层。

10.2　独立滤镜的使用

在Photoshop CS5中有"液化"滤镜和"消失点"滤镜两个独立滤镜，这两个独立滤镜具有奇特的功效，可以制作出不一样的图像效果。直接选择菜单命令，可以将独立的滤镜打开，分别在打开的对话框中进行设置。

关键词　液化、消失点
难　度　◆◆◆◇◇

原始文件：素材\10\
03.jpg、04.jpg、05.jpg
最终文件：源文件\10\液
化.psd、消失点.psd

10.2.1　液化

"液化"滤镜可用于推、拉、旋转、反射、折叠和膨胀图像的任意区域，可以对图像做细微的扭曲变化，也可以进行剧烈的变化，是修饰图像和创建艺术效果的强大工具。下面介绍具体的操作步骤。

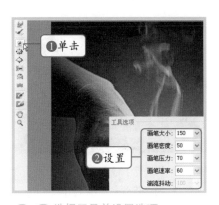

01 打开素材文件并执行命令

执行"文件>打开"菜单命令，打开"随书光盘\素材\10\03.jpg"素材文件，再执行"滤镜>液化"菜单命令，打开"液化"对话框。

02 选择工具并设置选项

在"液化"对话框中单击"顺时针旋转扭曲工具"按钮，设置画笔大小、画笔密度、画笔压力、画笔速率分别为150、50、70、60。

03 拖曳涂抹扭曲图像

使用"顺时针旋转扭曲工具"在烟雾图像中进行细致涂抹，可看到烟雾被旋转扭曲。

04 查看图像效果

在对话框中编辑好图像后，单击"确定"按钮，图像即应用了设置，图像效果如上图所示。

10.2.2　消失点

"消失点"滤镜用于在包含透视平面的图像中进行透视校正编辑，通过使用"消失点"滤镜，可以在图像中指定平面，然后应用诸如绘画、仿制、复制或粘贴以及变换等编辑操作。下面介绍具体的操作步骤。

全选图像

绘制

01 打开素材文件并复制图像

将"随书光盘\素材\10\04.jpg、05.jpg"两个素材文件同时打开，在"05.jpg"文件中按快捷键Ctrl+A和Ctrl+C全选并复制图像。

02 创建平面

切换到"04.jpg"文件中，执行"滤镜>消失点"菜单命令，打开"消失点"对话框，选择"创建平面工具"，在平面中单击设置变形平面。

平面效果

粘贴图像

03 调整变形平面

在"消失点"滤镜对话框中调整绘制的透视平面的形状，将其贴合至建筑物侧面。

04 粘贴图像

按快捷键Ctrl+V将复制的图像粘贴在"消失点"对话框中，并调整图像大小，可以看到粘贴的图像边缘以选区显示，如上图所示。

新手提升：在"消失点"对话框中调整图像大小

在"消失点"对话框中创建平面，粘贴了复制的图像后，若需要调整大小，在对话框右侧选择"变换工具"，使用该工具在图像边缘的小方格上单击并拖曳，即可对图像进行缩放的调整。

05 拖曳图像调整位置

将"05.jpg"图像调整至合适大小后拖曳到绘制的透视平面中，调整图像在透视平面中的显示位置。

06 查看图像效果

设置好后，单击"确定"按钮，即可应用"消失点"滤镜效果，在页面中可以查看到人物图像以透视效果添加到建筑物中。

10.3　滤镜分类及应用

在分类的滤镜中共包括13个滤镜组，分别为风格化、画笔描边、模糊、扭曲、锐化、视频、素描、纹理、像素化、渲染、艺术效果、杂色和其他滤镜，每个滤镜组中都有多个相应的滤镜，可以让用户设置出各种各样的特殊效果。本节将对这些滤镜组进行详细讲解。

关键词　风格化、画笔描边、模糊、扭曲、锐化、素描、纹理、像素化、渲染、艺术效果

难　度　◆◆◆◇◇

原始文件:素材\10\06.jpg、07.jpg、08.jpg、09.jpg、10.jpg、11.jpg、12.jpg、13.jpg、14.jpg、15.jpg、16.jpg

10.3.1　"风格化"类滤镜

"风格化"类滤镜能够在图像上应用质感或亮度，使图像在样式上产生变化。执行"滤镜>风格化"菜单命令，在其级联菜单中可设置不同的图像效果。下面对"风格化"类的几个常用滤镜做具体介绍。

01 原图
打开"随书光盘\素材\10\06.jpg"素材文件。

02 浮雕效果
该滤镜应用明暗来表现立体浮雕效果,图像的边缘部分显示颜色。

03 拼贴
图像会分割成有规则的方块,从而将图像处理为马赛克瓷砖形态。

04 曝光过度
将图像整片和负片混合,翻转图像的高光部分,产生曝光过度效果。

05 凸出
可产生一个三维的立体效果,使像素挤压出许多正方形或三角形,将图像转换为三维立体图或锥形。

06 照亮边缘
可以描绘图像的轮廓,调整轮廓的亮度、宽度等,设置出类似霓虹灯的发光效果。

10.3.2 "画笔描边"类滤镜

"画笔描边"类滤镜主要通过模拟不同的画笔或油墨笔来勾绘图像，产生绘画效果，在"画笔描边"滤镜的级联菜单下有8种画笔滤镜，下面介绍几种常用的"画笔描边"滤镜效果。

01 原图　打开"随书光盘\素材\10\07.jpg"素材文件，效果如上图所示。

02 成角的线条　"成角的线条"滤镜可根据一定方向的画笔表现油画效果，设置成对角线角度的图像绘画效果。

03 墨水轮廓　使用"墨水轮廓"滤镜，可在图像的轮廓上制作出钢笔勾画的效果。

04 喷溅　使用"喷溅"滤镜，可以设置喷枪在图像中进行喷涂的效果，并且通过设置"喷色半径"和"平滑度"的参数值，产生不同的效果。

新手提升：重复使用滤镜

执行滤镜命令后，如果效果不明显，或要将此滤镜效果应用在其他图层中，可以按快捷键Ctrl+F快速应用滤镜效果，进而重复使用。

10.3.3 "模糊"类滤镜

"模糊"滤镜组可以对图像进行柔和处理，可以将图像像素的边线设置为模糊状态，在图像上表现出速度感或晃动的感觉。使用选择工具选择特殊图像以外的区域，应用模糊效果，可以强调要突出的图像。下面介绍"模糊"滤镜组中常用的几种模糊效果。

01 原图
打开"随书光盘\素材\10\08.jpg"素材文件，效果如上图所示。

02 表面模糊
该滤镜可将图像表面设置出模糊效果，进而利用"表面模糊"对话框中的半径选项控制模糊程度。

03 动感模糊
该滤镜可以模拟摄像运动物体时间接曝光的功能，从而使图像产生动态效果。

04 径向模糊
该滤镜能够模拟摄像时旋转相机或聚焦、变焦的效果，从而使图像以基准点为中心旋转或放大图像。

10.3.4 "扭曲"类滤镜

"扭曲"类滤镜可以对图像进行移动、扩展或收缩，设置图像的像素，对图像进行各种形态的变换，形成波浪、波纹、玻璃等形态，下面分别介绍"扭曲"类滤镜的各种形态效果。

01 原图
打开"随书光盘\素材\10\09.jpg"素材文件。

02 波浪
使用"波浪"滤镜，可使图像产生强烈波纹起伏的波浪效果。

03 波纹
和"波浪"滤镜相似，"波纹"滤镜同样可以使图像产生波纹起伏的效果，区别在于"波纹"滤镜效果较柔和。

04 极坐标
"极坐标"滤镜将图形中假设的直角坐标转换成极坐标，把矩形的上边往里压缩、下边向外延伸，从而使图形畸形失真。

10.3.5 "锐化"类滤镜

"锐化"类滤镜可以将图像制作得更清晰，使图像更加鲜明，通过提高主像素的颜色对比度，使画面更加细腻。下面介绍添加"锐化"滤镜的不同效果。

01 原图
　　打开"随书光盘\素材\10\10.jpg"
素材文件,效果如上图所示。

02 USM锐化
　　该滤镜能够调整图像的对比
度,使画面更清晰,可通过"USM
锐化"对话框来设置参数。

03 进一步锐化
　　"进一步锐化"滤镜可对图
像实现进一步的锐化,即多次执行
"锐化"滤镜命令后的效果。

04 智能锐化
　　该滤镜可对图像的锐化做智
能的调整,能够精确地设置阴影和
高光的锐化效果,移去图像中的模
糊效果。

10.3.6　"素描"类滤镜

　　"素描"类滤镜可以通过钢笔或木炭绘制图像草图的效果,也可以
调整画笔的粗细,或对前景色、背景色进行设置,可以得到丰富的绘画
效果。下面详细介绍"素描"类滤镜的效果。

01 原图

打开"随书光盘\素材\10\11.jpg"素材文件。

02 半调图案

该滤镜可将图像处理为带有网点的暗色怀旧效果。

03 便条纸

该滤镜可使图像沿着边缘线产生凹陷，生成表现为浮雕效果和仿木纹效果的凹陷压印图案。

04 塑料效果

该滤镜可在图像的轮廓产生填充石膏粉的效果，表现出立体的形态。

05 炭笔

该滤镜可将图像处理成用炭精条画的效果，背景色设置为纸的颜色，前景色设置为木炭颜色。

06 网状

该滤镜可产生网眼覆盖效果，使图像呈现网状结构，使用前景色代表暗部，背景色代表亮部。

10.3.7 "像素化"类滤镜

　　"像素化"类滤镜可以将图像变形，并重新组合，组成不同的图像效果，一般用于在图像上显示网点，表现版画的效果。下面详细介绍"像素化"类滤镜中常用的几个滤镜的不同效果。

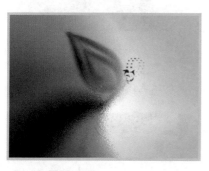

01 原图
打开"随书光盘\素材\10\12.jpg"素材文件，效果如上图所示。

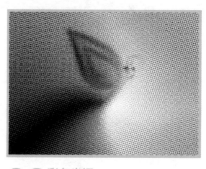

02 彩色半调
"彩色半调"滤镜可以设置图像的网点效果，表现放大显示彩色印刷时的效果。

03 点状化
"点状化"滤镜可将图像设置为通过描画技法绘制的图画效果，可以在打开的对话框中利用"单元格大小"选项来设置点状颗粒的大小。

04 马赛克
该滤镜通过将一个单元格内所有的图像像素统一颜色，从而产生一种模糊的马赛克效果。

10.3.8 "渲染"类滤镜

"渲染"类滤镜可以在图像中制作云彩形态的图像，设置照明效果或通过镜头产生出光晕效果。该滤镜组中包括"分层云彩"、"光照效果"、"镜头光晕"、"纤维"和"云彩"5个滤镜命令，下面详细介绍"渲染"类滤镜组中几个常用滤镜的不同效果。

01 原图 打开"随书光盘\素材\10\13.jpg"素材文件,效果如上图所示。

02 分层云彩 使用"分层云彩"滤镜,可在纯色背景中设置云彩效果,根据背景色的改变颜色会发生改变,多次应用滤镜效果也会不同。

03 光照效果 该滤镜可在图像上产生不同的光源、光类型以及不同的光特性形成的光照效果。

04 镜头光晕 该滤镜可使图像产生明亮光线进入摄像机镜头的眩光效果,可以在其设置对话框中选择多种不同类型的镜头,产生不同的光晕效果。

10.3.9 "艺术效果"类滤镜

　　"艺术效果"类滤镜可以为图像添加具有艺术特色的绘制效果,可以使普通的图像具有艺术风格,且绘画形式不拘一格。下面详细介绍"艺术效果"类滤镜的不同效果。

01 原图
打开"随书光盘\素材\10\14.jpg"素材文件,效果如上图所示。

02 壁画
应用"壁画"滤镜,可以设置中世纪的仿旧效果,使图像轮廓更清晰。

03 底纹效果
使用"底纹效果"滤镜,可以根据纹理的类型和色值在图像画面中产生一种纹理描绘的效果。

04 霓虹灯光
该滤镜可以将图像设置为灯光照射的效果,并且可以通过更改前景色和背景色来设置发光颜色。

10.3.10 "杂色"类滤镜

"杂色"类滤镜是在图像上使用杂点来表现图形效果，也可以淡化图像中的某些干扰颗粒的影响。该滤镜组中包括了"添加杂色"、"减少杂色"、"蒙尘与划痕"以及"中间值"等滤镜，其中几种常用滤镜的效果如下。

01 原图
打开"随书光盘\素材\10\15.jpg"素材文件，效果如上图所示。

02 减少杂色
"减少杂色"滤镜可以通过设置"减少杂色"对话框中的各选项参数，在保留图像边缘的同时减少图像中的杂色。

03 添加杂色
该滤镜可以在图像上按像素产生的形态产生杂点，表现图像的陈旧感。可以利用对话框中数量选项的设置来控制产生杂点的多少，参数设置得越大，添加的杂点越多。

04 中间值
利用"中间值"滤镜，可以删除图像上的杂点，通过混合选区中像素的亮度来减少图像的杂色。在对话框中可对半径选项参数进行设置，数值越大，图像越平滑。

10.3.11 "其他"类滤镜

"其他"类滤镜主要用于改变构成图像的像素排列，滤镜组中包括"高反差保留"、"位移"、"自定"、"最大值"和"最小值"5个滤镜命令。下面介绍其中常用的几种滤镜的效果。

01 原图
打开"随书光盘\素材\10\16.jpg"素材文件，效果如上图所示。

02 高反差保留
该滤镜可以在颜色强烈转变区域的指定半径内保留边缘细节，抑制图像的其余部分，适合用来摘取扫描图像中的线条艺术。

03 位移
"位移"滤镜将图像的选取范围移到指定的水平量或垂直量，使空白区域留在选取范围的原始位置。

04 最小值
"最小值"滤镜用于扩大图像的暗部区域，并缩小亮部区域。在指定的半径内，将自动搜索像素中暗度的最小值，并用该像素替换其他像素。

新手常见问题

21. 怎样添加新的外挂滤镜？如何利用外挂滤镜设置图像效果？

在Photoshop中，除了可以应用"滤镜"菜单中已有的滤镜命令，还可以添加外挂滤镜。添加新的外挂滤镜的方法有两种，一种是进行了封装的外挂滤镜，可以由安装程序安装的滤镜；另一种是将外挂滤镜文件直接放到Photoshop安装文件目录下的滤镜文件中。添加了外挂滤镜后，就会将该外挂滤镜在"滤镜"菜单中显示出来，如下左图所示。选择该命令后，即可打开相应的滤镜对话框进行滤镜的设置，对话框如下右图所示。

22. "云彩"滤镜和"分层云彩"滤镜的区别是什么？

"云彩"滤镜根据前景色和背景色随机产生云彩效果，效果如下左图所示。"分层云彩"是将图像中的某些部分反相为云彩图案，多次执行"分层云彩"命令，能创建出与大理石纹理相似的纹理，效果如下右图所示。

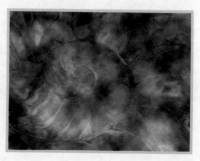

第11章

让图像立体化——
3D图像的设置

Photoshop CS5中对三维图像的处理有了更高层次的进化，可以利用全新的3D对象工具和3D相机工具对3D图形的大小、位置和角度等进行调整，还可以利用3D菜单创建新的3D对象；结合3D面板的使用，可以设置3D图形的材料、场景、光源和贴图等。

本章的重点就是介绍运用3D工具对3D图像进行操作、3D面板的运用以及3D图像的渲染等，让读者在Photoshop中也能掌控三维空间中的图像。

要点导航

- 3D对象工具
- 3D相机工具
- 创建3D形状
- 3D面板
- 3D模型纹理
- 渲染3D图像

11.1　3D的基本工具

在Photoshop CS5中新增了用于3D绘图及贴图的工具，分别为3D对象工具和3D相机工具。使用这两类工具，可以对Photoshop中打开的3D图像进行查看、移动、旋转、大小调整等编辑，本节将介绍如何使用3D基本工具对3D图像进行操作。

关键词　3D对象工具、3D相机工具
难　度　◆◆◆◇◇

原始文件：素材\11\01.psd、02.3ds
最终文件：源文件\11\3D对象工具.psd、3D相机工具.psd

11.1.1　3D对象工具

使用"3D对象工具"，可以旋转、缩放模型，或调整模型位置。当操作3D模型时，相机视图保持固定，选定3D图层时，就会激活"3D对象工具"，包括了"3D对象旋转工具"、"3D对象滚动工具"、"3D对象平移工具"、"3D对象滑动工具"和"3D对象比例工具"，可以对3D图像的位置和大小进行编辑。

01 打开素材文件并选择工具

执行"文件>打开"菜单命令，打开"随书光盘\素材\11\01.psd"素材文件，在工具箱中选择"3D对象旋转工具" ，如上图所示。

02 使用"3D对象旋转工具"

使用"3D对象旋转工具" 在图像中的3D球形上单击并拖曳，可看到球形以鼠标拖延的方向进行了旋转，效果如上图所示。

03 使用"3D对象比例工具"

在"3D对象工具"组的隐藏工具中选择"3D对象比例工具"，使用该工具在球形上单击并向下拖曳，即可缩小3D图像，如上图所示。

04 使用"3D对象平移工具"

在隐藏工具中选择"3D对象平移工具"，使用该工具在球形上单击并拖曳，就可以移动3D图像的位置，编辑后的效果如上图所示。

11.1.2　3D相机工具

使用"3D相机工具"可移动相机视图，同时保持3D对象的位置固定不变。"3D相机工具"组中包括了"3D旋转相机工具"、"3D滚动相机工具"、"3D平移相机工具"、"3D移动相机工具"和"3D缩放相机工具"，使用这些工具，可更改场景视图。下面具体了解"3D相机工具"的使用。

01 打开素材文件并选择工具

打开"随书光盘\素材\ 11\ 02.3ds"素材文件，在工具箱中选择"3D旋转相机工具"。

02 使用"3D旋转相机工具"

在3D图像上单击并拖曳，可看到模型被旋转，效果如上图所示。

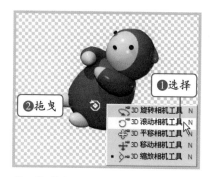

03 使用"3D滚动相机工具"

在"3D相机工具"组的隐藏工具中选择"3D滚动相机工具"⊙，使用该工具在模型上单击并拖曳，可以将模型按一定方向滚动，如上图所示。

04 使用"3D缩放相机工具"

在隐藏工具中选择"3D缩放相机工具"⊠，使用该工具在模型上单击并拖曳，即可对模型进行放大或缩小。放大模型效果如上图所示。

11.2 对3D图像的基本操作

在对3D图像的基本操作中，首先需要对3D图像进行创建。在Photoshop CS5中可以将2D图像创建为3D图像，其中包括了3D明信片、3D形状和3D网格的创建，选择需要编辑的图层后，利用3D菜单命令即可进行创建。本节将详细介绍3D图像的基本操作。

关键词 3D明信片、3D形状、3D网格
难 度 ◆◆◆◆◇

原始文件：素材\11\ 03.jpg、04.jpg、05.jpg
最终文件：源文件\11\创建3D明信片.psd、创建3D网格.psd、创建3D形状.psd

11.2.1 创建3D明信片

3D明信片是具有3D属性的平面，可以将2D图层转换为3D明信片。在创建3D明信片后，可以对3D明信片创建阴影和反射效果。执行"3D>从图层创建3D明信片"菜单命令，即可创建出3D明信片，具体操作如下。

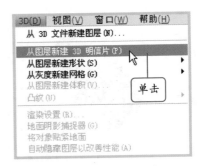

01 打开素材文件
打开"随书光盘\素材\11\03.jpg"素材文件。

02 执行菜单命令
对打开的图像执行"3D>从图层新建3D明信片"菜单命令，如上图所示。

03 查看3D图层
执行命令后，在"图层"面板中可看到将普通的2D图像转换为了3D图像，成为了智能图层。

04 旋转3D明信片
使用"3D对象旋转工具" 在3D明信片上单击并拖曳，可看见三维平面的效果，如上图所示。

新手提升：创建3D明信片

　　利用"从图层新建3D明信片"命令将2D图层转换为3D图层后，2D图层内容作为材质应用于明信片两面，原2D图层作为3D明信片对象的"漫射"纹理映射出现在"图层"面板中，3D图层保留了原始2D图像的尺寸。

11.2.2 创建3D网格

在Photoshop中将2D图层创建为3D网格，可将图像转换为深度映射，从而将原图像明度值转换为深度不一的表面区域。较亮的值生成表面上凸起的区域，较暗的值生成凹下的区域。执行"3D>从灰度新建网格"菜单命令，在打开的级联菜单中可以选择"平面"、"双面平面"、"圆柱体"和"球体"4种选项，下面介绍创建3D网格的具体操作步骤。

01 打开素材文件
打开"随书光盘\素材\11\04.jpg"素材文件。

02 执行菜单命令
执行"3D>从灰度新建网格>平面"菜单命令。

03 查看创建3D网格效果
执行命令后可看到图像被创建为3D模型，在"图层"面板中可看到产生的3D图层，效果如上图所示。

04 旋转3D图像
选择"3D对象旋转工具"，在3D模型上单击并拖曳，旋转一定角度后可查看到3D模型的立体效果。

11.2.3 创建3D形状

利用3D菜单中的"从图层新建形状"命令，可以将图层中的图像以选定的几何形状创建为3D模型，并将原有图层中的图像作为纹理贴到3D模型上。下面介绍创建3D形状的具体操作步骤。

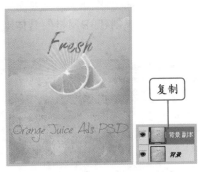

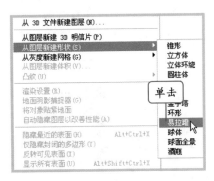

01 打开素材文件并复制图层

打开"随书光盘\素材\11\05.jpg"素材文件，在"图层"面板中复制"背景"图层，得到"背景副本"图层，如上图所示。

02 执行菜单命令

对复制的图层执行"3D>从图层新建形状>易拉罐"菜单命令。

03 查看创建的3D形状效果

执行命令后，可看到创建出了易拉罐3D模型，并将图像贴到了易拉罐表面上，效果如上图所示。

04 查看3D图层

在"图层"面板中可看到创建3D模型后得到的3D图层，如上图所示。

05 旋转3D图像

使用"3D对象旋转工具"在3D模型上拖曳，调整模型的显示位置，如上图所示。

06 缩小3D图像

使用"3D对象比例工具"在3D模型上单击并拖曳，缩小模型比例，如上图所示。

07 设置图层混合模式

在"图层"面板中复制"背景副本"图层，得到"背景副本2"3D图层，并设置其图层混合模式为"叠加"，如上图所示。

08 查看图像效果

混合图层后，在图像窗口中可看到3D模型被增强了对比效果，在图像中添加3D形状后的效果如上图所示。

新手提升：设置3D图层

在Photoshop中，3D图层是以智能图层的方式显示的。在3D图层中可看到该图层中的纹理信息，对于3D图层同样可以进行复制、设置图层混合模式和不透明度。

11.3　3D面板应用

3D面板用于管理和编辑3D图像，选中3D图层后，在3D面板中会显示与3D文件相关联的组件。3D面板的顶部列出了"场景"、"网格"、"材料"和"光源"4个选项，单击不同选项，就会在面板中显示相应的设置选项。下面将介绍利用3D面板编辑3D材料并调整光源的操作。

关键词　3D面板、编辑3D材料、3D光源
难　度　◆◆◆◆◇

原始文件：素材\11\06.psd、07.psd
最终文件：源文件\11\编辑3D材料.psd、调整光源.psd

11.3.1　编辑3D材料

　　3D面板中列出了3D对象中使用的材料，可以使用一种或多种材料来创建模型的整体外观。在3D面板中单击"材料"按钮，就可在面板中显示用于编辑材料的各个选项，利用这些选项可以对3D对象的纹理、环境颜色等进行编辑。下面详细介绍编辑3D材料的具体操作。

01 打开素材文件
打开"随书光盘\素材\11\06.psd"素材文件，如上图所示。

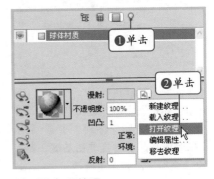

02 打开纹理
打开3D面板，单击"材料"按钮，在下方打开的选项中单击"编辑漫射纹理"按钮，在打开的菜单中选择"打开纹理"选项。

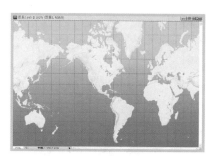

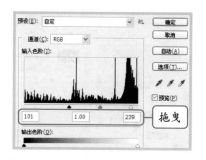

03 打开的纹理效果

在图像窗口中可看到3D模型中的纹理被打开，并显示到一个新的文档中。打开的纹理效果如上图所示。

04 设置色阶

执行"图像>调整>色阶"菜单命令，在打开的"色阶"对话框中使用鼠标拖曳滑块依次到101、1、239位置，然后单击"确定"按钮。

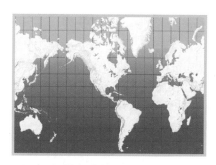

05 调整色阶效果

设置"色阶"命令后，可看到图像被提高了对比度，然后关闭纹理文档，保存设置。

06 调整纹理后的效果

调整纹理后，在"06.psd"文件中可看到3D模型中的纹理被调整的效果，如上图所示。

新手提升：存储纹理设置

在对3D模型的纹理进行编辑后，关闭纹理图像，就会弹出一个Photoshop询问对话框，询问是否存储文档设置，单击"是"按钮，就可以将编辑后的纹理效果应用到3D模型。

07 选择环境色

在3D面板中单击下方的"环境"选项后面的黑色颜色块，打开"选择环境色"拾色器，更换颜色为浅蓝色"R: 238、G: 241、B: 253"。

08 查看完成效果

设置环境色后，在图像窗口中可看到更改了环境色后的3D模型效果，提亮了球面，如上图所示。

11.3.2　调整光源

3D光影可从不同角度照亮模型，从而可以为3D模型添加逼真的深度和阴影。在3D面板中单击"光源"按钮，在面板下方就会显示光源设置选项，利用这些选项，可以更改光源的颜色、强度等，也可以为图像添加新的光源。下面具体介绍调整光源的操作。

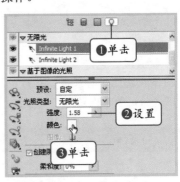

01 打开素材文件

打开"随书光盘\素材\11\07.psd"素材文件，如上图所示。

02 设置光源选项

在3D面板中单击"光源"按钮，在下方打开的选项中设置"强度"为1.58，单击"颜色"选项的白色色块。

03 设置光照颜色

在打开的"选择光照颜色"对话框中设置颜色为浅蓝色"R：214、G：221、B：253"，然后单击"确定"按钮，关闭对话框。

04 查看调整光照颜色后的效果

设置光照颜色后，在图像窗口中可看到图像光照颜色被更改，3D模型的颜色也被更改，效果如上图所示。

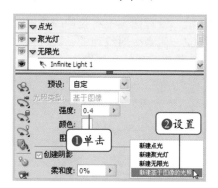

05 新建光源并设置强度

在3D面板下方单击"创建新光源"按钮 ↵，在打开的菜单中选择"新建基于图像的光照"选项，添加一个新的光源，并设置"强度"为0.4。

06 查看调整光源后的效果

为3D模型添加了新光源后，增强了图像的光照，画面被提高了亮度，效果如上图所示。

新手提升：添加与删除光源

在3D光源中，单击面板下方的"添加光源"按钮，在打开的菜单中可以选择"新建点光"、"聚光灯"、"无限光"和"基于图像的光照"4种类型的光源，当不再需要某个光源时，选中该光源，再单击面板下方的"删除光源"按钮 ，即可将其删除。

11.4 创建和编辑3D模型纹理

在Photoshop中可以对3D模型的纹理进行重新编辑，纹理的信息会显示在3D图层下方。对3D模型的纹理执行3D菜单中的命令，还可以重新参数化纹理，创建重复纹理的拼贴，从而完善3D模型的纹理效果。

关键词 重新参数化纹理、新建拼贴绘画

难 度 ◆◆◇◇◇

原始文件:素材\11\08.psd

最终文件:源文件\11\创建重复纹理的拼贴.psd

11.4.1 重新参数化纹理

当纹理未正确映射到底层模型网格的3D模型时，会在模型表面外观中产生明显的扭曲，并出现多余的接缝，纹理图案中有拉伸或挤压区域，这时就可以利用"重新参数化UV（Z）"命令对纹理的参数进行重新设置，校正纹理效果。下面介绍重新参数化纹理的具体操作。

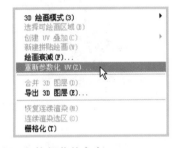

01 执行菜单命令

在纹理未正确映射到3D模型的文件中执行"3D>重新参数化UV（Z）"菜单命令，如上图所示。

02 确定操作

执行命令后就会打开一个警示对话框，单击"确定"按钮，在打开的提示对话框中可以选择最大限度降低扭曲度或是减少接缝。

新手提升：低扭曲度和减少接缝

选择"低扭曲度"，可使纹理图案保持不变，但会在模型表面产生较多接缝；"减少接缝"会使模型上出现的接缝最少。单击其中一个按钮后即可自动重新参数化纹理。

11.4.2 创建重复纹理的拼贴

　　重复纹理拼贴可将模型中的纹理图案重复产生相同的拼贴。重复纹理可以提供更逼真的模型表面覆盖，使用更少的存储空间。打开3D模型中的纹理图像，对其执行"3D>新建拼贴绘图"菜单命令，即可创建重复纹理拼贴。下面介绍创建重复纹理拼贴的具体操作。

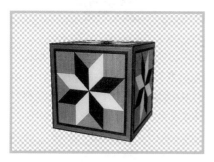

01 打开素材文件

　　打开"随书光盘\素材\11\09.psd"素材文件，如上图所示。

02 双击纹理名称

　　在"图层"面板中可看到3D图层信息，在"纹理"选项下双击"背景"名称，即可打开纹理图像。

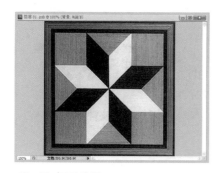

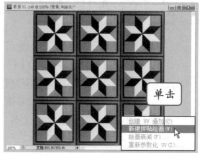

03 打开纹理

　　在图像窗口中可看到3D模型的纹理在新的图像窗口中打开，效果如上图所示。

04 新建重复拼贴

　　执行"3D>新建拼贴绘画"菜单命令，就可看到图像被创建为重复拼贴的效果，然后关闭文件窗口，存储设置。

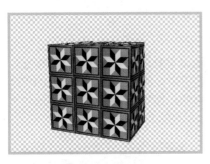

拖曳

05 查看新建拼贴效果
新建了重复纹理拼贴后，回到"09.psd"文件中，可看到3D模型的纹理被更改了效果，如上图所示。

06 旋转查看3D图像
选择"3D对象旋转工具"，在3D模型上单击并拖曳，可看到3D模型的各个平面中的纹理都创建了重复拼贴，效果如上图所示。

新手提升：打开纹理的方法

在"图层"面板中3D图层下双击纹理名称，即可将纹理在新文件中打开，也可以在3D面板中打开纹理。

11.5　渲染3D图像

编辑后的3D图像，经过渲染后才是最终所展示出来的图像，可以利用"3D渲染设置"对话框中的选项对3D模型进行渲染设置。这里将介绍如何对3D图像进行渲染设置，以及如何输出渲染文件。

关键词　3D渲染设置、导出3D图层
难　度　◆◆◆◇◇

原始文件：素材\11\09.3ds

11.5.1　3D图像的渲染设置

通过设置不同的渲染参数，可以渲染出不同的3D效果。打开3D模型后，在3D面板中的"渲染设置"选项下单击"编辑"按钮，打开"3D渲染设置"对话框，利用对话框中的选项进行渲染设置。

01 打开素材文件

执行"文件>打开"菜单命令，打开"随书光盘\素材\11\09.3ds"素材文件。

02 单击"编辑"按钮

打开3D面板，在"场景"选项组中的"渲染设置"选项下单击"编辑"按钮。

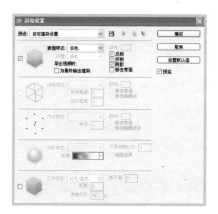

03 打开对话框

打开"3D 渲染设置"对话框，如上图所示。

04 设置对话框选项

在对话框中选择表面样式为"未照亮的纹理"，勾选"立体样式"后，选择类型为"垂直交错"，然后确认设置。

新手提升：打开"3D渲染设置"对话框的方法

"3D渲染设置"对话框除了可以在3D面板中打开外，还可以选择3D图层后，通过执行"3D>3D渲染设置"菜单命令打开。

11.5.2　最终输出渲染3D文件

渲染完3D文件后，可以利用"导出3D图层"命令将3D文件导出，并保留3D文件的内容。对3D文件执行"3D>导出3D图层"菜单命令后，在打开的"存储为"对话框中可以选择多种存储3D文件的格式。下面介绍最终输出渲染3D文件的具体操作。

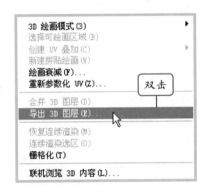

01 执行菜单命令

对3D文件执行"3D>导出3D图层"菜单命令，如上图所示。

02 设置存储为对话框

打开"存储为"对话框，在格式选项下拉列表中选择需要的文件格式，选择存储位置后单击"确定"按钮即可。

新手提升：存储3D文件

如果需要保留3D模型的位置、纹理、光源等信息参数，可以将3D文件存储为.psd格式，方法与存储其他类型文件相同，执行"文件>存储为"菜单命令即可。

新手常见问题

23．在Photoshop CS5中可以创建哪些3D形状？

在Photoshop CS5中，利用"创建3D形状"菜单中的选项，可以创建多种3D形状，包括锥形、立方体、立体环绕、圆柱体、圆环、帽型、金字塔、环形、易拉罐、球体、球面全景和酒瓶12种。执行"3D>

从图层创建形状"菜单命令，可在打开的级联菜单中选择这些形状，如下左图所示。选择其中的"锥形"创建的3D形状效果如下中图所示，选择"帽形"创建出的3D形状效果如下右图所示。

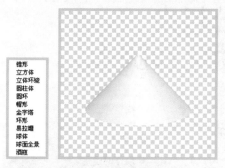

24. 如何对3D图像添加纹理？

在Photoshop中可以对3D模型进行贴图，即添加纹理。选中3D模型后，在3D面板中单击"材质"按钮，在打开的选项中单击"编辑漫射纹理"按钮，在打开的菜单中选择"载入纹理"选项，如下左图所示；打开"打开"对话框，如下右图所示，在对话框中选择纹理文件载入到3D模型中，即可添加纹理。也可以选择"新建纹理"选项，打开"新建"对话框新建一个纹理文件，在新建文件中对纹理进行编辑后为3D图像添加纹理。

第12章

让图像处理轻松起来——
使用动作、自动化和脚本

在图像处理过程中，遇到需要处理大量同类图像文件的情况时，重复的操作会影响工作进度，Photoshop中的批量处理功能将为大家解决这个问题。

本章介绍了在Photoshop CS5中通过预设动作对图像进行快速处理的方法，具体为将操作步骤保存为动作，并对动作进行播放，通过"批处理"命令对多个文件同时进行处理，使用图像处理器实现多个文档的快速转换等。

要点导航
- 动作的运用
- 录制和播放动作
- 批量处理文件
- 图层导出为多个文件

12.1 通过动作处理图像

在Photoshop中，使用动作可以减少重复操作。在动作的运用中，不仅可以通过系统预设的多种动作对图像进行处理，还可以通过将操作步骤记录为动作，运用在其他图像中。

关键词 预设动作、录制动作、播放、编辑
难 度 ◆◇◇◇◇

原始文件：素材\12\01.jpg、02.jpg
最终文件：源文件\12\使用预设动作.psd、录制和播放动作.psd

12.1.1 使用预设动作

预设动作是Photoshop系统中已有的动作，包括"命令"、"画框"、"图像效果"、"制作"、"文字效果"、"纹理"和"视频"7类。下面介绍使用预设动作进行图像处理的步骤。

01 打开素材文件
执行"文件>打开"菜单命令，打开"随书光盘\素材\12\01.jpg"素材文件。

02 打开"动作"面板
执行"窗口>动作"菜单命令，打开"动作"面板。

新手提升：选择其他类动作组

"动作"面板中默认情况下只显示了"默认动作"组中的动作，如需其他动作组中的动作，需要单击面板右上角的扩展按钮，在打开的菜单中选择其他动作组，选择后即可在面板中显示，然后可选择使用。

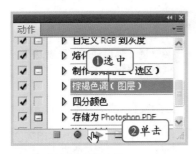

应用动作效果

03 选择并播放动作

在默认动作中选择"棕褐色调（图层）"动作，然后单击面板下方的"播放动作"按钮 ▶，即可开始对图像自动运行选择的动作。

04 查看播放动作后的效果

在素材文件上播放动作后，会自动为素材文件进行棕褐色调的设置。

12.1.2 录制和播放动作

在"动作"面板中可以录制新的动作，并在其他图像上进行播放应用。录制动作是将操作中的步骤记录为动作，在录制的动作中，依次将操作的步骤进行存储。下面具体介绍对新动作进行录制和播放的过程。

01 打开素材文件并新建动作

执行"文件>打开"菜单命令，打开"随书光盘\素材\12\02.jpg"素材文件，在"动作"面板上单击"创建新动作"按钮 。

02 设置动作名称

在打开的"新建动作"对话框中设置"名称"为"中性色调"，保存至"动作"面板的"默认动作"中。

03 复制图层并降低不透明度

在"图层"面板中复制两个"背景"图层，设置"背景副本2"图层的"不透明度"为20%。

04 选择图层并去色

选择"背景副本"图层，执行"图像>调整>去色"菜单命令，为图像去色，制作出中性色调效果。

05 停止记录

在"动作"面板中单击"停止播放/录制"按钮，停止记录。

06 打开素材文件

打开"随书光盘\素材\12\03.jpg"素材文件。

07 选择新建动作并播放

在"动作"面板中选择"中性色调"动作，单击面板下方的"播放选定的动作"按钮。

08 播放动作后的效果

播放动作后，可在画面中查看添加中性色调后的图像效果，在"图层"面板中可查看设置的图层效果。

12.1.3　动作的编辑和删除

在对动作进行记录之后，可以对操作步骤的顺序进行调整，还可以直接删除记录的步骤。对于记录的动作，用户还可以自由进行存储，以方便以后调用。下面介绍具体的操作步骤。

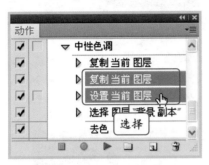

01 选择需要编辑的步骤
在"动作"面板中打开一个动作，按住Ctrl键单击需要进行编辑的两个操作步骤，将这两个步骤同时选中。

02 移动操作的位置
在上一步选中的两个步骤上单击并按住鼠标拖曳至最后一个步骤之下。

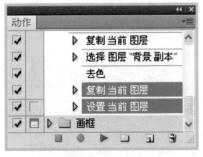

03 调整操作步骤位置
释放鼠标，可以看到操作步骤位置发生了改变。

04 删除多余步骤
在动作的步骤中选择步骤，单击面板下方的"删除"按钮 ，即可将选中的操作步骤删除。

12.2　自动化处理图像

　　自动化处理图像的基本原则是运用简单的操作对多个图像文件进行快速处理。在自动化处理图像时，运用Photoshop的"批处理"命令可以对动作进行选择，设置同一动作的相同操作；还可以通过创建快捷方式设置图像的批量处理，利用其中的Photomerge命令还可自动拼合全景照片。

关键词　批量处理、快捷批处理、Photomerge命令
难　度　◆◆◆◇◇

原始文件:素材\12\4、05.jpg、06.jpg、07.jpg、08.jpg
最终文件:源文件\12\4、创建快捷批处理.psd、使用Photomerge命令.psd

12.2.1　使用"批处理"命令

　　"批处理"命令主要是在多个图像上同时运行相同的动作，可以选择对某一文件夹中的所有图像进行设置，进行批量处理后的图像文件还可以以一定的规律进行依次排列。执行"文件>自动>批处理"菜单命令，打开"批处理"对话框，选择要进行批处理的文件、动作，要存储的位置、文件名称等，即可快速批量处理文件。下面介绍具体的操作步骤。

01 执行命令
执行"文件>自动>批处理"菜单命令，打开"批处理"对话框。

02 选择动作
在"批处理"对话框中单击"动作"下三角按钮，在打开的下拉列表中选择"四分颜色"选项。

03 单击按钮

单击"源"选项组中的"选择"按钮，打开"浏览文件夹"对话框。

04 选择文件夹

选择需要进行批量处理素材文件存放的文件夹，然后单击"确定"按钮。

批处理效果

05 设置目标文件夹

在"目标"下拉列表中选择"文件夹"选项，再单击"选择"按钮。在打开的"浏览文件夹"对话框中设置批量处理后图像文件存储的文件夹位置，然后在"文件命名"选项组中选择名称为"1位数序号"。

06 查看批处理效果

确认"批处理"设置后，在Photoshop窗口中可看到自动对选中文件夹中的各个文件应用了动作，并存储到指定的位置。处理完成后打开存储文件夹，可以查看到图像批量处理后的效果。

12.2.2　创建快捷批处理

　　"创建快捷批处理"和"批处理"命令是不同的，快捷批处理是将对图像的设置以一个可执行文件的形式保存起来，并以应用程序图标的形式显示出来，操作与Windows应用程序相同。创建了快捷批处理后，将需要处理的文件拖曳到该应用程序图标上，即可快速自动处理。下面介绍具体的操作步骤。

01 设置快捷批处理选项
　　执行"文件>自动>创建快捷批处理"菜单命令，打开"快捷批处理"对话框，单击"选择"按钮，设置创建执行程序存放的位置，在"播放"选项组中选择"动作"下拉列表中的"中性色调"选项。

02 查看快捷批处理图标
　　根据上一步的设置，可看到在电脑桌面上创建了一个快捷批处理应用程序，名称为"中性色调.exe"。

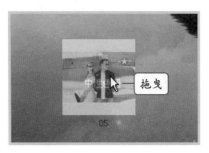

03 打开素材文件并进行快捷设置
　　打开"随书光盘\素材\12"文件夹，选择其中的"05.jpg"文件，将其拖曳到桌面上的"中性色调.exe"应用程序图标上。

04 进行处理并保存
　　系统将自动打开Photoshop应用程序，并根据"中性色调"的动作对图像进行处理，处理完成后会提示用户对图像文件进行保存。

12.2.3　使用Photomerge命令

　　使用Photomerge命令能够完全准确地拼合图像，即使图像是参差不齐、颜色明暗不一的，都能自动对图像进行计算，然后精确地对图像进行拼接。该命令通常用于多幅图像的拼贴操作。下面介绍具体的操作步骤。

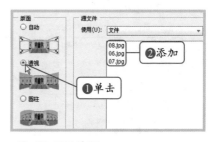

01 打开素材文件并执行命令

　　打开"随书光盘\素材\12\06.jpg、07.jpg、08.jpg"3个素材文件，然后执行"文件>自动>Photomerge"菜单命令，打开Photomerge对话框。

02 设置选项

　　在Photomerge对话框中单击选中左侧的"透视"单选按钮，并在右侧单击"添加打开的文件"按钮，添加打开的文件，然后确认设置。

拼贴效果

裁剪后的效果

03 查看拼贴效果

　　确认Photomerge设置后，将弹出"进程"对话框，系统将自动对图像文件进行拼贴。自动对素材图像进行拼贴后，在图像窗口中可查看设置的全景图效果。

04 裁剪多余图像

　　在工具箱中选择"裁剪工具"按钮，在全景图像上单击并拖曳出裁剪框，将图像参差不齐的边缘裁剪掉，即可制作出一幅完整的全景图像。

12.3 脚本

脚本通常可以由应用程序临时调用并执行，它可以是一个事件触发后的动作。在Photoshop中，通过对脚本下的多种程序进行调用，可以设置多个图像文件的批量处理，并设置图像文档不同的导出方式。本节将主要介绍通过图像处理器批量转换文件和将图层导出到文件的方法。

关键词 图像处理器、图层导出
难 度 ◆◆◇◇◇

原始文件:素材\12\9、10.psd
最终文件:源文件\12\9、10

12.3.1 图像处理器

在图像处理器中可以为多个图像文件设置相同的变换动作，也可以自由设置进行批量处理的图像大小和品质。通过图像处理器，还可以更改图像的分辨率和文件格式。执行"文件>脚本>图像处理器"菜单命令，在打开的对话框中选择需要处理的文件进行设置即可。下面介绍通过图像处理器批量转换图像文件的具体操作。

01 执行命令并单击按钮
执行"文件>脚本>图像处理器"菜单命令，打开"图像处理器"对话框，在对话框中单击"选择文件夹"按钮，打开"选择文件夹"对话框。

02 选择文件夹
在"选择文件夹"对话框中选择"随书光盘\素材\12\9"文件夹，然后单击"确定"按钮确认选择，返回"图像处理器"对话框。

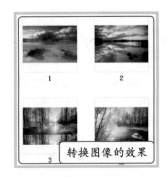

转换图像的效果

03 设置对话框选项

在"文件类型"选项组中勾选"存储为TIFF"和"调整大小以适合"复选框，设置W为600像素，设置H为450像素，勾选"运行动作"复选框，选择"中性色调"动作。

04 查看转换图像的效果

在设置的存储图像文件夹中查看之前对多个图像进行转换后的图像效果，转换图像的格式为TIFF格式，图像效果如上图所示。

12.3.2 将图层导出到文件

"将图层导出到文件"命令功能相当强大，通过脚本中的命令，可以对当前打开的PSD文件中的每个图层分别进行处理，将每一图层中的图像以一个单独的图像文件进行存储，能够方便用户对PSD图像文件的细节进行查看。

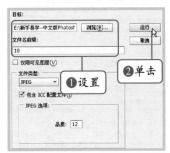

01 打开素材文件并查看图层

打开"随书光盘\素材\11\10.psd"素材文件，在"图层"面板中可查看到该文件的图层信息。

02 设置选项

执行"文件>脚本>将图层导出到文件"菜单命令，在打开的对话框中设置存储位置，并设置"文件名前缀"为10，然后单击"运行"按钮。

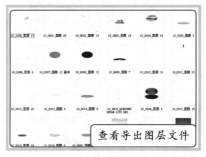

查看导出图层文件

03 确定导出

系统自动将素材PSD文件的各个图层进行单独处理，导出完成后，将弹出提示框，提示导出文件已成功，单击"确定"按钮。

04 查看导出文件

打开导出文件存放的文件夹，可以查看根据原有PSD素材文件的多个图层的导出效果。

新手常见问题

25. 怎样快速裁剪扫描到电脑中的图像？

对于扫描到电脑中的图像，可以利用"裁剪并修齐照片"命令快速自动对图像进行裁剪。打开图像后，执行"文件>自动>裁剪并修齐照片"菜单命令，即可自动对图像进行裁剪。

26. 如何利用Photoshop优化图像？

对于编辑后的图像，可以利用"存储为Web和设备所用格式"命令对图像进行后期的优化设置。执行"文件>存储为Web和设备所用格式"菜单命令，在打开的对话框中对图像的格式、颜色、大小等进行优化设置，确认设置后存储为后期需要的各种图像即可。

专业成就人生
立体服务大众

HZ BOOKS

www.hzbook.com

填写读者调查表　加入华章书友会
获赠精彩技术书　参与活动和抽奖

尊敬的读者：

感谢您选择华章图书。为了聆听您的意见，以便我们能够为您提供更优秀的图书产品，敬请您抽出宝贵的时间填写本表，并按底部的地址邮寄给我们（您也可通过www.hzbook.com填写本表）。您将加入我们的"华章书友会"，及时获得新书资讯，免费参加书友会活动。我们将定期选出若干名热心读者，免费赠送我们出版的图书。请一定填写书名书号并留全您的联系信息，以便我们联络您，谢谢！

书名：　　　　　　　　　　　　书号：7-111-（　　　　　　　　）

姓名：	性别：□ 男　　□ 女	年龄：	职业：
通信地址：		E-mail：	
电话：	手机：	邮编：	

1. 您是如何获知本书的：

　□ 朋友推荐　　　□ 书店　　　□ 图书目录　　　□ 杂志、报纸、网络等　　　□ 其他

2. 您从哪里购买本书：

　□ 新华书店　　　□ 计算机专业书店　　　　□ 网上书店　　　　□ 其他

3. 您对本书的评价是：

技术内容	□ 很好	□ 一般	□ 较差	□ 理由_____
文字质量	□ 很好	□ 一般	□ 较差	□ 理由_____
版式封面	□ 很好	□ 一般	□ 较差	□ 理由_____
印装质量	□ 很好	□ 一般	□ 较差	□ 理由_____
图书定价	□ 太高	□ 合适	□ 较低	□ 理由_____

4. 您希望我们的图书在哪些方面进行改进？

5. 您最希望我们出版哪方面的图书？如果有英文版请写出书名。

6. 您有没有写作或翻译技术图书的想法？

　□ 是，我的计划是_____　　　□ 否

7. 您希望获取图书信息的形式：

　□ 邮件　　　　　□ 信函　　　　　　□ 短信　　　　　□ 其他_____

请寄：北京市西城区百万庄南街1号　机械工业出版社　华章公司　计算机图书策划部收
邮编：100037　电话：（010）88379512　传真：（010）68311602　E-mail: hzjsj@hzbook.com